材料发射率测量技术与应用

张宇峰　楚春雨　卢一林　刘春梅　编著

北　京

冶金工业出版社

2022

内 容 提 要

红外发射率是红外热物性领域的重要参数，在航空航天、国防、地质测绘及民用等领域中都有着至关重要的作用。随着科学技术的迅速发展，各领域对其测量精度的要求也越来越高，但材料发射率并不是材料的本征特性，它不仅与材料的组成成分、材料温度、波长有关，还与材料的表面状态、辐射的观察方向等多种因素有关，故很难准确测量。本书主要讲述发射率的理论知识、测量技术，并对典型应用装置进行了介绍。本书中的例子都是在生产生活中已经得到广泛应用的实例。

本书可以帮助刚接触材料发射率的科技工作者由浅到深地去思考、研究材料的发射率。对熟悉发射率的工作者则提供更深层次的内容，助其在发射率的研究上更进一步。

图书在版编目 (CIP) 数据

材料发射率测量技术与应用/张宇峰等编著. —北京：冶金工业出版社，2021. 1 （2022. 11 重印）

ISBN 978-7-5024-8680-8

Ⅰ. ①材… Ⅱ. ①张… Ⅲ. ①发射率—应用—工程材料—检测 Ⅳ. ①TB303

中国版本图书馆 CIP 数据核字（2021）第 010018 号

材料发射率测量技术与应用

出版发行	冶金工业出版社	电 话	(010)64027926
地 址	北京市东城区嵩祝院北巷 39 号	邮 编	100009
网 址	www.mip1953.com	电子信箱	service@ mip1953.com

责任编辑 于昕蕾 美术编辑 郑小利 版式设计 禹 蕊
责任校对 郭惠兰 责任印制 禹 蕊
北京虎彩文化传播有限公司印刷
2021 年 1 月第 1 版，2022 年 11 月第 2 次印刷
710mm×1000mm 1/16；11 印张；215 千字；166 页
定价 66.00 元

投稿电话 (010)64027932 投稿信箱 tougao@cnmip.com.cn
营销中心电话 (010)64044283
冶金工业出版社天猫旗舰店 yjgycbs.tmall.com
（本书如有印装质量问题，本社营销中心负责退换）

前　言

　　红外技术的应用都是通过红外系统来实现的，因此掌握红外系统各个部分的相关知识对于红外技术的研究和应用是非常必要的。红外光学系统是整个红外系统的天线，作用是把需要探测的红外辐射的源辐射能量聚集在探测器上；红外探测器是一种红外辐射传感器，是将接收到的红外辐射源的红外辐射转成电信号；电子处理系统可以将微弱的电信号处理成能够应用的形式或数值；显示、随动系统是整个系统的执行终端，可以根据需求执行相应的动作，如显示、驱动等。

　　发射率的测量需要建立在有关红外辐射学的基础上，发射率在辐射测温以及材料的性能中扮演着重要的角色，在航天航空、军事国防、工业生产、能源利用、节能方面均有所渗透。在国防和军事中的发射率主要被应用于雷达等，可供辐射监测设备进行对比监测，以及满足隐身涂层等性能需要；在工业生产、节能和能源领域，发射率主要应用在辐射测温，可以实时非接触式探测工作现场变化；在能源环保方面发射率主要应用在高低发射率涂层，目的是提高能量的收集或者能量的散去。

　　本书的理论基础都来自红外物理相关理论，红外物理是红外技术的理论基础，主要研究红外辐射的性质。红外光学系统、红外探测器、红外电子学、红外系统分别是红外系统各组成部分的知识，同时也是专业课程和教材的名称，相关读者可根据需要选择性参考。

　　全书共分为9章。第1章介绍了红外辐射的基本概念以及发射率基本知识。第2章讲述了发射率的基本测定、简易计算及红外测温的基本理论。第3章介绍了黑体等红外辐射的基础物理量以及红外辐射在大气中传输的规律及大气透过率的简单计算，同时介绍了几个常用的大气辐射计算软件。第 4 章叙述了发射率的建模基础，不同材料和不同涂层之间发射率的建模介绍。第 5 章介绍了发射率测量设备，包括黑体、加热设备、探测设备、分光设备以及真空设备和常用的系统开发软件。第 6~9 章详细介绍了在不同温度下材料发射率的测量和多光谱发射率的测量。

在本书的编著过程中曾参阅国内外书籍和文章，在此谨向各位作者一并表示感谢。

由于作者水平有限，书中难免会有不当之处，希望各位读者批评指正。

张宇峰

2020 年 7 月 5 日

目　录

1 发射率概述

光谱发射率是固体材料的一种重要辐射性质参数，在许多工程技术及科学研究中是不容忽视的，且扮演着越来越重要的角色，例如在红外遥感技术、防隔热设计、太阳能工程、红外无损检测、高温工程和低温制冷、医学理疗等领域，科技人员必须十分注意所选材料的发射率等辐射特性；在国防领域中，对于导弹尾焰及导弹蒙皮的辐射特性相关研究，是军事预警、隐身和制导的关键；再如在工业应用和科学研究中，由于测温条件限制，非接触式测温方法得到了愈发广泛的应用，而利用非接触式测温准确地测量材料表面温度的前提便是要先了解被测材料表面的发射率。

1.1 发射率定义

所谓物体的发射率（也叫做比辐射率）是指该物体在指定温度 T 时的辐射量与同温度黑体的相应辐射量的比值。很明显，此比值越大，表明该物体的辐射与黑体辐射越接近。并且，只要知道了某物体的发射率，利用黑体的基本辐射定律就可找到该物体的辐射规律或计算出其辐射量。

1.1.1 半球发射率

辐射体的辐射出射度与同温度下黑体的辐射出射度之比称为半球发射率，分为全量和光谱量两种。

半球全发射率定义为

$$\varepsilon_{\mathrm{h}} = \frac{M(T)}{M_{\mathrm{bb}}(T)} \tag{1-1}$$

式中，$M(T)$ 为实际物体在温度 T 时的全辐射出射度；$M_{\mathrm{bb}}(T)$ 为黑体在相同温度下的全辐射出射度。

由 $\dfrac{M_\lambda}{\alpha_\lambda} = E_\lambda$（$M_\lambda$ 为物体 A 的光谱辐射出射度，α_λ 为物体 A 的光谱吸收率，E_λ 为物体 A 的光谱辐射照度，这是基尔霍夫定律的一种表达方式，即在热平衡条件下，物体的辐射出射度与其吸收率的比值为空腔中的辐射照度，这与物体的性质无关。物体的吸收率越大，则它的辐射出射度也越大，即好的吸收体必定是好的发射体）和 $\alpha_{\mathrm{bb}} = \alpha_{\lambda\mathrm{bb}} = 1$（对于黑体而言其任何温度下能够全部吸收任何波长入

射辐射的物体，因此黑体的反射率和透射率均为零）以及半球发射率的光谱定义

式 $\varepsilon_{\lambda h} = \dfrac{M_\lambda(T)}{M_{\lambda bb}(T)}$，可以得到任意物体在温度 T 时的半球光谱发射率为

$$\varepsilon_{\lambda h}(T) = \alpha_\lambda(T) \tag{1-2}$$

可见，任何物体的半球光谱发射率与该物体在同温度下的光谱吸收率相等。同理可得出物体的半球全发射率与该物体在同温度下的全吸收率相等，即

$$\varepsilon_h(T) = a(T) \tag{1-3}$$

式 (1-2) 和式 (1-3) 是基尔霍夫定律的又一表示形式，即物体吸收辐射的本领越大，其发射辐射的本领也越大。

1.1.2　方向发射率

方向发射率，也叫做角比辐射率或定向发射本领。它是在与辐射表面法线成 θ 角的小立体角内测量的发射率。θ 角为零的特殊情况叫做法向发射率。它也分为全量和光谱量两种。

方向全发射率定义为

$$\varepsilon(\theta) = \frac{L}{L_{bb}} \tag{1-4}$$

式中，L 和 L_{bb} 分别为实际物体和黑体在相同温度下的辐射亮度，因为 L 一般与方向有关，所以 $\varepsilon(\theta)$ 也与方向有关。

从以上各种发射率的定义可以看出，对于黑体，各种发射率的数值均等于 1，而对于所有的实际物体，各种发射率的数值均小于 1。

1.1.3　光谱发射率

光谱（单色）发射率分为半球光谱发射率和光谱（单色）方向发射率。

半球光谱发射率定义为

$$\varepsilon_{\lambda h} = \frac{M_\lambda(T)}{M_{\lambda bb}(T)} \tag{1-5}$$

式中，$M_\lambda(T)$ 为实际物体在温度 T 时的光谱辐射出射度；$M_{\lambda bb}(T)$ 为黑体在相同温度下的光谱辐射出射度。

方向光谱发射率定义为

$$\varepsilon_\lambda(\theta) = \frac{L_\lambda}{L_{\lambda bb}} \tag{1-6}$$

因为物体的光谱辐射亮度 L_λ 既与方向有关，又与波长有关，所以 $\varepsilon_\lambda(\theta)$ 是方向角和波长 λ 的函数。

1.1.4　全波长发射率

材料的热辐射特性在不同波长及不同方向上是不相同的，因此一般按波长范围可分为光谱（或单色）及全波长发射率，按发射方向可分为方向、法向及半球发射率。全波长是范围量，即各个波段的总和相当于无穷小到无穷大的数学集合的概念。

1.2　发射率与辐射测温关系

黑体（发射率被视为1的理想辐射体）只是一种理想化的物体，实际物体的辐射与黑体的辐射有所不同。为了把黑体辐射定律推广到实际物体的辐射，下面引入一个叫做发射率的物理量，来表征实际物体的辐射接近于黑体辐射的程度。

所谓物体的发射率（也叫做比辐射率）是指该物体在指定温度 T 时的辐射量与同温度黑体的相应辐射量的比值；很明显，此比值越大，表明该物体的辐射与黑体辐射越接近。发射率的测量意义不仅仅是辐射测温的重要物理量，还是其他材料学科研究的重要物理量。由发射率定义，只要知道了某物体的发射率，利用黑体的基本辐射定律就可找到该物体的辐射规律或计算出其辐射量。

1.2.1　热辐射体的分类

根据光谱发射率的变化规律，可将热辐射体分为如下 3 类：黑体、普朗克辐射体以及灰体。

灰体的发射率、光谱发射率均为小于 1 的常数。若用公式表示灰体的辐射量，则有

$$M_{\mathrm{g}} = \varepsilon M_{\mathrm{bb}}$$
$$M_{\lambda\mathrm{g}} = \varepsilon M_{\lambda\mathrm{bb}}$$
$$L_{\mathrm{g}} = \varepsilon(\theta) L_{\mathrm{bb}}$$
$$L_{\lambda\mathrm{g}} = \varepsilon(\theta) L_{\lambda\mathrm{bb}} \tag{1-7}$$

当灰体是朗伯辐射体时，它的 $\varepsilon(\theta) = \varepsilon$。于是，适合于灰体的普朗克公式和斯蒂芬-玻耳兹曼定律的形式为

$$M_{\lambda\mathrm{g}} = \varepsilon M_{\lambda\mathrm{bb}} = \frac{\varepsilon c_1}{\lambda^5}\left[\mathrm{e}^{c_2/(\lambda T)} - 1\right] \tag{1-8}$$

$$M_{\mathrm{g}} = \varepsilon M_{\mathrm{bb}} = \varepsilon\sigma T^4 \tag{1-9}$$

图 1-1 给出了三类辐射体的光谱发射率和光谱辐射出射度曲线。由图 1-1 可知，黑体辐射的光谱分布曲线是各种辐射体曲线的包络线。这表明，在同样的温度下，黑体总的或任意的光谱区间的辐射比其他辐射体的都大。灰体的发射率是一个不变的常数，这是一个特别有用的概念。因为有些辐射源，如喷气机尾喷

管、气动加热表面、无动力空间飞行器、人、大地及空间背景等，都可以视为灰体，所以只要知道它们的表面发射率，就可以根据有关的辐射定律进行足够准确的计算。灰体的光谱辐射出射度曲线与黑体的辐射出射度曲线有相同的形状，但其发射率小于1，所以在黑体曲线以下。选择性辐射体在有限的光谱区间有时也可看成是灰体来简化计算。

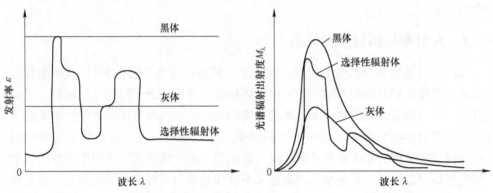

图 1-1   选择性辐射体的发射率与波长的关系和光谱辐射出射度曲线

1.2.2 辐射温度分类

根据热辐射定律，可以测量物体的温度。如果辐射体是黑体，只要测得辐射出射度最大值所对应的波长，再直接利用维恩位移定律，就可确定黑体的温度。如果辐射体是一般的物体，而已知其发射率，则可通过测量物体的光谱辐射量来确定物体的温度。这就是红外辐射测温的基本原理，利用该原理制作的测温仪称为辐射测温仪。

若仪器依据物体的总辐射而定温，则所得到的是物体的辐射温度（T）；若仪器根据两个或多个特征波长上的辐射而定温，则所得到的温度是物体的色温度；若仪器只根据某一个特征波长上的辐射额定温度所得到的是物体的亮温度。辐射温度、色温度和亮温度都不是物体表面的真实温度，即使经过了大气传输因子等的修正，它们与物体表面的真实温度之间仍存在一定的差异。在没有给出它们的具体定义之前. 对于待测物体作以下假设：

（1）物体是朗伯体；

（2）对测温仪光学系统而言，物体是面辐射源。

在这两个假设下，如果忽略物体和系统之间介质的辐射、散射和吸收的影响，进入测温仪的辐射能量与物体辐射出射度、辐射亮度都成正比，而与距离无关。因此，各种温度的定义都只涉及辐射出射度或辐射亮度，而各种温度的量实质上都是对辐射量的测量。

1.2.2.1 辐射温度

设有一物体的真实温度为 T，发射率为 $\varepsilon(T)$，辐射出射度为 $M(T)$。当该物体的辐射出射度与某一温度的黑体辐射出射度相等时，这个黑体的温度就叫做该物体的辐射温度

$$M(T) = M_{bb}(T_\tau) \tag{1-10}$$

由黑体辐射普朗克理论和斯蒂芬-玻耳兹曼理论知（见后文）

$$\varepsilon(T)\sigma T^4 = \sigma T_\tau^4 \tag{1-11}$$

计算得

$$T = \frac{T_\tau}{\sqrt[4]{\varepsilon(T)}} \tag{1-12}$$

因为 $\varepsilon(T) < 1$，所以 $T > T_\tau$。真实温度用温度计、热电偶等测量，辐射温度用辐射测温仪测量。当用辐射测温仪测量一个非黑体的真实温度时，必须要知道物体的发射率 $\varepsilon(T)$ 才能将测得的辐射温度 T_τ，换算成真实温度 T。有一点应当指出，式（1-11）没有考虑物体所反射的环境辐射。如果物体是不透明体的，即 $\varepsilon(T) \neq 1$，那么其反射比为 $\rho(T) = 1 - \varepsilon(T)$，必然要把它所反射的环境辐射一起送进辐射测温仪。对于物体温度与周围环境物体温度相近的场合，考虑物体的反射环境辐射带来的影响是很有必要的，否则根据式（1-12）求得的真实温度 T 是不正确的。

1.2.2.2 亮温度

设有一个物体的真实温度为 T，光谱发射率为 $\varepsilon_\lambda(T)$，光谱辐射亮度为 $L_\lambda(T)$。当该物体的光谱辐射亮度与某一温度的黑体的光谱辐射亮度相等时，这个黑体的温度就叫该物体的亮温度 T_1。这时有：

$$L_\lambda(T) = L_{\lambda bb}(T_1) \tag{1-13}$$

而

$$L_\lambda(T) = \varepsilon_\lambda(T)\frac{c_1}{\lambda} \times \frac{1}{\exp[c_2/(\lambda T)] - 1} \tag{1-14}$$

$$L_{\lambda bb}(T_1) = \frac{c_1}{\lambda^5} \times \frac{1}{\exp[c_2/(\lambda T_1)] - 1} \tag{1-15}$$

通常物体的亮温度用光学高温计测量，对应的波长是 $0.66\mu m$。将 $L_\lambda(T)$ 和 $L_{\lambda bb}(T_1)$ 的表示式带入式（1-13），并用维恩近似简化处理，得

$$T = \frac{c_2 T_1}{\lambda T_1 \ln\varepsilon_\lambda(T) + c_2} \tag{1-16}$$

由式（1-16）可知，必须预先知道光谱发射率为 $\varepsilon_\lambda(T)$ ，才能由亮温度 T_1 求出物体的真实温度 T 。

1.2.2.3 色温度

设有一个物体的真实温度为 T ，在波长 λ_1 和 λ_2 处的光谱发射率分别为 $\varepsilon_{\lambda_1}(T)$ 和 $\varepsilon_{\lambda_2}(T)$ ，光谱辐射亮度分别 $L_{\lambda_1}(T)$ 和 $L_{\lambda_2}(T)$ 。当该物体在这两个波长处的光谱辐射亮度与某一温度的黑体的光谱辐射亮度相等时，这个黑体的温度就叫做该物体的色温度 T_t（简称色温）。一般所选波长为 $\lambda_1 = 0.47\mu m$ 、 $\lambda_2 = 0.66\mu m$ ，分别用维恩近似表示 $L_{\lambda_1}(T)$ 和 $L_{\lambda_2}(T)$ 、 $L_{\lambda_1 bb}(T_s)$ 和 $L_{\lambda_2 bb}(T_s)$ ，由定义有：

$$\varepsilon_{\lambda_1} \frac{c_1}{\lambda_1^5}\exp\left(-\frac{c_2}{\lambda_1 T}\right) = \frac{c_1}{\lambda_1^5}\exp\left(-\frac{c_2}{\lambda_1 T_s}\right) \tag{1-17}$$

$$\varepsilon_{\lambda_2} \frac{c_1}{\lambda_2^5}\exp\left(-\frac{c_2}{\lambda_2 T}\right) = \frac{c_1}{\lambda_2^5}\exp\left(-\frac{c_2}{\lambda_2 T_s}\right) \tag{1-18}$$

将上面两式化简并取对数解出 T ，得

$$\frac{1}{T} - \frac{1}{T_s} = \frac{\ln[\varepsilon_{\lambda_1}(T)/\varepsilon_{\lambda_2}(T)]}{c_2(1/\lambda_1 - 1/\lambda_2)} \tag{1-19}$$

同样，必须已知 $\varepsilon_{\lambda_1}(T)$ 和 $\varepsilon_{\lambda_2}(T)$ ，才能由 T_s 求出 T 。

应当指出的是：当被测物体的光照辐射亮度随波长的分布曲线与黑体相差不大时，物体的颜色与色温度下黑体的颜色接近（色温因此而得名），上述测量和计算方法是正确的。但是，如果被测物体为选择性很强的辐射体，那么误差就很大，色温度的概念也就失去了意义。

比色测温仪是通过测量物体两个（或3个）波段上的辐射亮度的比值来确定其温度的。它的工作原理与亮温测温仪截然不同。使用两个工作波段的比色测温仪又称为双色测温仪或二色测温仪。使用3个工作波段的称为三色测温仪。比色测温仪与亮温测温仪相比，突出的优点是：

（1）亮温测温仪和全光谱测温仪（辐射温度测温仪）往往在被测物体的 $\varepsilon(T)$ 已知的情况下才能使用。而比色测温仪则不然，只要物体的发射率随波长 λ 的变化相对缓慢（一般物体多是这样），就可以用色温度来测量接近物体表面的真实温度。特别是对于灰体，在式（1-19）中，色温 T_s 就准确地反映了物体的真实温度 T 。

（2）由于亮度测温仪是通过测量物体的辐射来测温的，因此在测量时，辐射功率的部分损失（例如光学系统效率、被测物体与仪器之间介质吸收率的变化等）以及电子线路中放大倍数的变化等，都直接影响亮温度和辐射温度的测量。

而上述因素对比色测温仪的色温测量则没有影响或影响很弱，这是因为比色测温仪的温度测量取决于辐射功率之比。

1.2.2.4 发射率对辐射测温精度的影响

辐射测温技术是依据测量被测表面所发出的辐射能测量温度的。这种测温技术通常被实测辐射体偏离黑体条件复杂化了。各种辐射测温仪表通常是用黑体辐射源（发射率近似为1）分度的，而实际辐射体的发射率都小于1，有的远偏离1。这就使辐射温度计的测量值不同程度地偏离被测表面的真实温度。因此，只有在知道被测表面发射率的条件下才能通过对仪表测量值修正获得真实温度。修正量的大小取决于所用辐射温度计的类型和物体的发射率值。当已知被测物体的发射率后，可以通过下述方程式得到物体的真实温度。

（1）单色辐射温度计。真实温度 T 和辐射温度 T_m 的关系为

$$\frac{1}{T} - \frac{1}{T_m} = \frac{\lambda}{c_2}\ln\varepsilon_\lambda \tag{1-20}$$

式中，λ 为辐射温度计工作波长；ε_λ 为该波长下的法向发射率；c_2 为普朗克第二常数。

（2）双色辐射温度计。此情况下 T 和 T_m 的关系为

$$\frac{1}{T} - \frac{1}{T_\lambda} = \frac{\lambda_1\lambda_2}{c_2(\lambda_2 - \lambda_1)}\ln\frac{\varepsilon_{\lambda_1}}{\varepsilon_{\lambda_2}} \tag{1-21}$$

式中，ε_{λ_1} 和 ε_{λ_2} 分别为工作波长 λ_1 和 λ_2 下的法向发射率。

（3）宽波段辐射温度计。该种温度计可以通过适当选择其工作波段上发射率的平均值和某一特征波长得到与公式（1-20）相同的近似公式。也可通过下列推导得到更准确的公式。

该温度计测量一温度为 T 的物体时，其输出信号表达为

$$S = K\int_{\lambda_1}^{\lambda_2}\varepsilon_x M_{bx}(T)R_\lambda d\lambda \tag{1-22}$$

式中，K 为考虑几何因素和光学元件透过率的常数；M_{bx} 为由普朗克定律给出的黑体光谱辐射功率；R_λ 为探测器的光谱响应率。

若用温度为 T_m 的黑体分度此仪表得到相同的输出信号 S，则

$$S = K\int_{\lambda_2}^{\lambda_1}M_{b\lambda}(T_m)R_\lambda d\lambda \tag{1-23}$$

由式（1-22）和式（1-23）得

$$\int_{\lambda_1}^{\lambda_2}\varepsilon_\lambda M_{b\lambda}(T)R_\lambda d\lambda = \int_{\lambda_1}^{\lambda_2}M_{b\lambda}(T_m)R_\lambda d\lambda \tag{1-24}$$

上式就是该种辐射温度计真实温度 T 和测量温度 T_m 的关系式。

（4）全辐射温度计。该种仪表满足式（1-25）

$$T_m = T\varepsilon^{1/4} \tag{1-25}$$

式中，ε 为被测表面的法向全发射率。

可见，物体表面的发射率是辐射测温技术中的一个重要参数，发射率测量的准确性影响在线工作辐射温度计的测量精度。另外，随着世界范围内对节能工作的重视和研究工作的加强，做为一种节能仪表的热流计也由实验室装置转变为现场应用仪表，并逐渐推出了适用于各种不同场合的热流计。目前应用最广泛的是贴壁式热电堆型热流计，该热流计在标定时，热流传感器表面和标定装置（标准热流发生器）表面的发射率是相等的。而在实际应用中，热流传感器与被测表面的发射率往往是不一致的，可能造成相当大的测量误差，该误差只有知道被测表面的发射率才能得到有效的估计和修正。

1.3 发射率变化规律

物体发射率的一般变化规律如下。

（1）对于朗伯辐射体，3 种发射率 ε_n（法向发射率）、$\varepsilon(\theta)$（方向发射率）和 ε_h（半球发射率）彼此相等。对于电绝缘体，$\varepsilon_h/\varepsilon_n$ 在 0.95~1.05 之间，其平均值为 0.98，对这种材料，在 θ 角不超过65°或70°时，$\varepsilon(\theta)$ 与 ε_n 仍然相等。对于导电体，$\varepsilon_h/\varepsilon_n$ 在 1.05 ~ 1.33 之间，对大多数磨光金属，其平均值为 1.20，即半球发射率比法向发射率大约20%，当 θ 角超过45°时，$\varepsilon(\theta)$ 和 ε_n 差别明显。

（2）金属的发射率是较低的，但它随温度的升高而增高，并且当表面形成氧化层时，可以成 10 倍或更大倍数地增高。

（3）非金属的发射率要高些，一般大于 0.8，并随温度的增加而降低。

（4）金属及其他非透明材料的辐射，发生在表面几微米内，发射率是表面状态的函数，而与尺寸无关。据此，涂覆或刷漆的表面发射率是涂层本身的特性。而不是基层表面的特性。对于同一种材料，样品表面条件的不同，测得的发射率值会有差别。

（5）介质的光发射率随波长变化而变化，在红外区域，大多数介质的光谱发射率随波长的增加面降低。在解释一些现象时，要注意此特点。例如，白漆和涂料 TiO_2 等在可见光区有较低的发射率，但当波长超过 $3\mu m$ 时，几乎相当于黑体。用它们覆盖的物体在太阳光下温度相对较低，这是因为它不仅反射了部分太阳光，而且几乎像黑体一样重新辐射所吸收的能量。而铝板在接太阳光照射下，相对温度较高，这是由于它在 $10\mu m$ 附近有相当低的发射率，不能有效地辐射所吸收的能量。

最后应注意，不能完全根据眼睛的观察去判断物体发射率的高低。譬如对雪来说，从表 1-1 可知，雪的发射率是较高的，为 0.85，但是根据眼睛的判断，雪是很好的漫反射体，或者说它的反射率高而吸收率低，即它的发射率低。其实，处在雪这个温度下的黑体峰值波长为 $10.5\mu m$，且整个辐射能量的 98% 处于 3 ~

70μm 的波段内。而人眼仅对 0.5μm 左右的波长敏感，不可能感觉到 10μm 处的情况，所以眼睛的判断是无意义的。太阳可看作 6000K 的黑体，其峰值波长为 0.5μm 且整个辐射能量的 98% 处于 0.15~3μm 波段内，因此，被太阳照射的雪，吸收了 0.6μm 波段的辐射能，而将 10μm 的波段上重新辐射出去。

表 1-1 几种常见材料的发射率

材　　料			温度/℃	发射率	材　　料			温度/℃	发射率
金属及其氧化物	铝	抛光板材	100	0.05	其他材料	砖	普通的红砖	20	0.93
		普通板材	100	0.09		碳	烛烟	20	0.95
		铬酸处理的阳极化板材	100	0.55			表面搓平的石磨	20	0.98
							混凝土	20	0.92
		真空沉积的	20	0.04		玻璃	抛光玻璃板	20	0.94
	黄铜	高度抛光的	100	0.03		漆	白漆	100	0.92
		氧化处理的	100	0.61			退光的黑漆	100	0.97
		用 80 度粗金刚砂磨光的	20	0.20		纸	白胶膜纸	20	0.93
	铜	抛光的	100	0.05		熟石膏	粗涂层	20	0.91
		强氧化处理的	20	0.78			砂	20	0.90
	金	高度抛光	100	0.02			人类的皮肤	32	0.98
	铁	抛光处理的铸件	40	0.21		土壤	干土	20	0.92
		氧化处理的铸件	100	0.64			含有饱和水的	20	0.95
		修饰严重的板材	20	0.69		水	蒸馏水	20	0.96
	镁	抛光的	20	0.07			平坦的水	-10	0.96
	镍	电镀抛光	20	0.05			霜结	-10	0.98
		电镀不抛光	20	0.11			雪	-10	0.83
		氧化处理	200	0.37		木材	抛光的陈木	20	0.90
	银	抛光的	100	0.03					
	不锈钢	18-8 型抛光的	20	0.16					
		18-8 型氧化处理的	60	0.83					
	钢	抛光的	100	0.07					
		氧化处理的	200	0.79					
	锡	镀锡的薄铁板	100	0.07					

1.4 发射率测量技术应用领域

发射率在辐射测温以及材料的性能中都扮演着重要的角色，不管是航天航空、军事国防、工业生产、能源利用、节能方面都有渗透，在国防和军事上，发射率主要用于雷达等，可供辐射监测设备进行对比监测，以及隐身涂层等性能需要；在工业生产、节能和能源领域，发射率主要应用在辐射测温，可以实时非接触探测工作现场变化；能源环保方面主要是高低发射率涂层的应用，目的是提高能量的收集或者能量的散去。

1.4.1 航空航天

20 世纪 50 年代以后，随着现代红外探测技术的进步，军用红外技术获得了广泛的应用。美国研制的响尾蛇导弹上的寻迹制导装置和 U-2 间谍飞机上的红外照相机代表着当时世界军用红外技术的水平。因军事需要发展起来的前视红外装置（FLIR）因此获得了军界的重视，并得到广泛使用。机载前视红外装置能在 1.5×10^4 m 上空探测到人、小型车辆和隐蔽目标，在 2×10^4 m 高空能分辨出汽车，特别是能探测水下 40m 深处的潜艇。在海湾战争中，被红外技术充分显示，尤其是热成像技术在军事上的作用和成力。海湾战争从开始、作战到获胜的整个过程都是在夜间，夜视装备应用的普遍性是这次战争的最大特点之一。

20 世纪 70 年代以后，军事红外技术逐步向民用部门转化。红外加热和干燥技术广泛应用于工业、农业、医学、交通等各个行业和部门。红外测温、红外理疗、红外检测、红外报警、红外遥感、红外防伪更是各行业争相选用的先进技术。这些新技术的应用使测量精度、产品质量、工作效率及自动化程度大大提高。特别是标志红外技术最新成就的红外热成像技术，不但在军事上具有很重要的作用，在民用领域也大有用武之地。它与雷达、电视一起构成当代 3 大传感系统，尤其是焦平面列阵技术，将使其发展成可与眼睛相媲美的凝视系统。

1.4.2 国防军事

在宇航及军事应用领域中，高超音速飞行器是实现全球快速军事打击的远程战略武器的重要组成部分。热防护系统的散热性能制约了飞行器在气动模式下的极限飞行速度与安全性。以热辐射为主要散热形式的热防护材料具有不影响气动模式和可重复使用的特点，该类热防护材料以发射率为主要评定指标。本书介绍了测量该类热防护材料发射率的方法、理论和关键技术。该类高温热防护材料辐射特性的评定，关系到我国军事防御安全体系的稳定，具有重要的军事战略意义。

在高温发射率测量问题中，在不允许增加辅助测量装置的条件下，完全实现可在线测量高温目标的发射率具有重要的现实意义，也是本书研究的难点问题之一。在研究随机无规则粗糙表面问题上，表面粗糙特性的随机性与无规则性对发射率的量值影响问题较难解决，是本书需研究的又一重要问题。在模拟高温环境的发射率测量问题上，克服超高温下热辐射的高次非线性耦合问题，实现超宽温区的非导电、非特制、小尺寸样品的自由辐射状态的加热，克服高温定标黑体轴向热膨胀的热应力、高温热平衡系统中的背景辐射影响及解决高温自由热辐射状态样品的测温问题是亟待解决的重要技术问题。

1.4.3　工业生产

发射率在工业生产中同样应用广泛，例如

红外测温在电场中的应用：

（1）在应用红外测温技术应用时，既不需要断电，也不需要对系统以往的运行情况改变，便可了解到设备的具体运行情况，获取准确的信息数据，从而确保工作的稳定性。

（2）红外测温技术的优势良好，除了能够了解到设备是否处于异常状态之外，还能将设备损坏程度循环地体现出来，为检修工作的实施提供良好的依据。

（3）在扫描过程中，该项技术体现出运行效率极高，本身有着直观性和灵活性的特征，可以缓解人员的工作压力。

（4）当处于相对范围中，红外线测温技术可以准确地检验发热温度，结合具体的检验数据制作温度图纸。除此之外，其还有较强的抗干扰性能，设备携带起来特别的方便。

（5）安全性高。红外测温技术能够处于较远距离并且在不接触测量的基础上读取无法接近的目标温度，可以有效维护电力人员的自身安全。

1.4.4　能源利用

世界范围的能源危机和环境污染问题凸显，新能源的开发和利用已经受到世界各国研究机构的重视，尤以太阳能利用技术备受青睐。太阳能是太阳内部或表面黑子连续不断的核聚变反应产生的能量。虽然太阳能资源丰富，但在地面能量密度低，为太阳能代替现有能源增加了难度。现阶段太阳能的主要利用途径有太阳能电池、光热利用及太阳能热发电等。太阳能热发电技术是指利用集热管将太阳能转换成热质的热能，产生的循环蒸汽驱动发电机发电的技术。集热管涂层的辐射特性是决定太阳能利用效率的关键因素。随着集热管工作温度的升高，涂层自身辐射热损逐渐增大，为限制这种热损，要求涂层在保持较高太阳光谱发射率的条件下尽可能降低红外光谱热发射率，光谱发射率成为表征涂层对太阳辐射能吸收及自身抗热辐射损失能力的关键参数。

发射率是表征物体热辐射能力的无量纲物理量，数值上等于物体与相同温度黑体之间的辐射能量比。发射率不仅与材料表面温度和组分有关，而且很大程度上受表面粗糙程度及化学状态的影响。光谱发射率表征了物体发射率与辐射波长之间的依赖关系，光谱发射率数值大小表明物体在不同光谱区域辐射能力的强弱，对研究材料发射率的光谱选择性具有重要意义。

1.4.5　节能环保

随着科学技术的进步，各种节能材料的出现，促进了节能功能涂料的发展。其中，隔热保温涂料作为节能功能涂料的典型，受到业内人士普遍关注并取得明显的发展。隔热保温涂料的主要作用是阻止自身热量的散失和阻止外界太阳能量的侵入。中国的地域宽广，对隔热保温涂料的需求有所不同，北方寒冷地区要求保温效果明显的材料，以减少室内自身热量的散失，外墙保温材料在北方地区作用明显。南方地区光照强、气温高，因此需要隔热效果好的涂料以阻止外界太阳能量的侵入。

目前市场上的保温隔热涂料主要分两大类，一类以厚质的外保温系统为代表，利用降低热传递阻隔原理，效果明显，另外传统的硅酸盐类复合涂料也是利用这一原理；另一类是薄层涂料，利用减少太阳光吸收的原理减少外界太阳能量的侵入。外保温系统使用厚质材料发展早些，目前已有一些成功的生产企业和工程案例，薄层隔热涂料起步相对较晚，市场上同类产品效果参差不齐，但在南方市场发展应用前景广阔。

2　发射率测量方法

目前，发射率的测量方法主要有量热法、能量法、反射法和多光谱法，其测量原理和研究现状见表 2-1。

表 2-1　主要测量方法和现状

方　法	测　量　原　理	研　究　现　状
量热法	建立辐射传热方程，计算辐射交换的热量，实现发射率测量	稳态法测量时间长，瞬态法测量时间短，仅限于导体材料。改进的瞬态量热法可测量非导体和透明材料
能量法	通过比较物体与相同温度黑体的辐射能量，实现发射率的测量	多探测器组合可实现多个光谱区域的发射率测量。傅里叶光谱仪的应用，可实现材料表面光谱发射率的准确测量
反射率法	根据能量守恒和基尔霍夫定律，通过测量材料的反射率，再计算出发射率	利用积分球反射计、激光偏振计、热腔反射计等建立发射率测量装置。新型反射计和集成式反射计的研制，扩展了光谱测量范围
多光谱法	根据多个光谱辐射的测量值，利用发射率假设模型，经数据处理得到光谱发射率	利用发射率经验假设模型、神经网络训练的模型实现发射率及表面温度的测量，但测量结果的准确性不可估计

量热法适合测量半球全波长发射率，难以测得光谱发射率；能量法需标准黑体参比测量，而且不适合常温材料的发射率测量；多光谱法需借助发射率假设模型对包含温度和发射率的多光谱数据进行解算，测量精度受假设模型影响较大，而且常温目标的辐射能量小，信噪比低，测量结果的准确性难以保证，反射法属于主动测量，非常适合常温目标的光谱发射率测量，是测量红外隐身材料发射率的最佳方法。

2.1　量热法

量热法按热流状态可分为稳态法及瞬态法。其基本原理是：被测样品与周围相关物体共同组成一个热交换系统，根据传热理论推导出系统有关材料发射率的传热方程，再测出样品有关点的温度值，就能确定系统的热交换状态，从而求出样品发射率。热交换系统可分为稳态系统和瞬态系统两大类。

在基于量热法的发射率测量技术中，根据热交换形式、热源形式、热损项及测温方式建立的测量设备有所不同。航天飞行器高温材料的特点是多数被测材料为非金属材质、温度上限高并且范围宽、制备工艺复杂而难以制备复杂形状，而通常基于量热法发射率测量装置中样品为金属材料。依据稳态量热法建立的装置根据试样的状态分为导电试样自加热的量热装置和无样品导电要求的量热装置。其中，导电试样自加热的量热装置要求试样自身具有导电性，在试样两端施以一定的电压，较大的电流流经试样，电流的热效应使试样自身发热。这种方法的局限性在于只能适用导电材料，难以测量大多数不导电材料的发射率。

另一种是对试样无导电要求的稳态量热装置。2005 年，美国空军实验室（AFRL）Alex Mychkovsky 等人建立了模拟冷空间真空环境的发射率测量装置。该设备无需试样自身具有导电性，可测任意试样的发射率。采用接触测温法，热屏蔽设计较为复杂，温度测量范围−20~200℃。可以采用液氮制冷的黑体空腔模拟冷空间环境，试样的加热方式是在样片背部加热，通过接触式热传导的方式将热量传递给试样。试样的辐射面呈自由辐射状态，加热结构的其余热端采取热屏蔽保护，避免杂散辐射进入换热系统。分析了系统误差后发现系统误差在 ±5% 以内。而对于如抛光铝表面的低发射率试样测量较困难，因为在热传导加热的同时，发热体表面与被测试样的背面存在辐射加热，低发射率试样辐射加热效率较低，控温准确性降低，导致试样的测温精度下降。

2007 年 J. Hameury 和 B. Hay 等人建立了采用电加热方式的基于稳态量热法的半球总发射率测量装置，试样的尺寸为 10mm 厚的圆片。建立了传热模型后，在试样厚度内的 2mm 和 8mm 处放置热电偶，通过测得 2 点的温度计算温度梯度，进而计算辐射表面的温度。该稳态量热装置用于测量低温空间材料的半球总发射率，温度范围−20~200℃，半球发射率的扩展不确定度在 ±0.005 和 ±0.03 之间。

2.1.1　稳态量热法

Worthing 于 1941 年就提出了测量全波长半球发射率的最为简便的稳态量热法——灯丝加热法。Richmond（1960 年）、Howl（1962 年）及 Cezairliyan（1970 年）等也采用了类似方法。近年来，仍然有人采用该方法测量材料的发射率。在装置很精密且经过仔细调试后，总测量精度可达 2%。该方法的测量温度范围比较宽，为−50~1 000℃。但只能测试全波长半球发射率，不能测量光谱或定向发射率。此外，样品制作麻烦，测试时间长，但由于装置简单、测试温度范围较宽、准确度高等优点而得到广泛使用。

2.1.2　瞬态量热法

瞬态量热法是采用瞬态加热技术（如激光、电流等），使试样的温度急剧升高，通过测量试样的温度、加热功率等参数，再结合辅助设备测量物体的发射率。早在20世纪60年代Ramanathan等人用此方法测定了各种温度范围的铜、铝、银、钨及不锈钢的全波长半球发射率。此方法设备比较简单，但测温上限低。20世纪70年代以后，美国NIST（原NBS）的Cezairliyan等人首先建立了基于积分球反射计法的脉冲加热瞬态量热装置，用于测试包括材料发射率在内的8个热物性参数。意大利国家计量院的Righini等人也建立了类似的设备，并开始了与NIST长达30多年的国际比对合作实验。20世纪90年代以后，NIST的Cezairliyan等人又研制了偏振光反射计（DOAP）用于瞬态量热装置中材料发射率测量，该测量技术几乎达到了完善的程度。近年来，日本NMIJ（原NRLM）的Matsumoto、奥地利Graz科技大学、奥地利铸造研究所等单位，引进了美国CRI的DOAP，建立了脉冲加热热物性测量装置。2000年哈尔滨工业大学范毅等人也建立了基于积分球反射计法的脉冲加热瞬态量热装置，并尝试使用多波长辐射温度计直接测得材料的发射率和温度。此方法的优点是：设备相对简单，测量速度快，测温上限高（4000℃以上），可同时测量多项参数，且测量精度较高；缺点是只能测量导体材料。

2.2 能量法

2.2.1 测量原理

能量法是根据试样自身辐射特点与相同条件下的黑体进行比较，比值即为材料在该条件下的发射率。根据光电探测设备的不同，发射率分为带宽发射率和光谱发射率。根据测量方向不同，分为法向发射率和方向发射率。根据能量法的发射率测量原理，通过红外探测设备测量材料自身及黑体的辐射亮度，两者的比值即为材料的发射率。能量法依据发射率的定义，并以标准黑体源作为参比基准，相比其他测量方法，能量法误差源较少，可以获得更高的测量精度。试样或黑体的总辐射能量与温度的4次方成正比，所以能量法适用于材料高温发射率的测量；而在测量低温样品时，要求红外传感器的响应度较高。

2.2.2 FT-IR 光谱法

2004年，美国国家标准计量局（NIST）的Hanssen等人组建了大气环境下的光谱发射率测量系统如图2-1所示。该系统的光谱测量设备采用FT-IR光谱仪，光谱范围覆盖 $2 \sim 20\mu m$。采用4台变温黑体炉和2台金属凝固点黑体炉标定FT-IR光谱仪和光电温度计。温度测量范围 $250 \sim 1400K$，当在900K以下时采用Pt100铂电阻测温；而当温度高于850K时，采用硅光电测温计测温。在500K以下，测量高热导率试样的温度时，采用接触式的测温方法；在500K以上，采用积分球反射计和黑体测量试样的温度。在测量了氧化镍材料在500℃和波长范围2~9μm的光谱发射率后，与积分球反射法的测量结果进行了对比。分析出在3μm以下和5~7μm之间的光谱发射率的噪声是因水蒸气的干扰引起的。Pt-10Rh的光谱发射率测量结果的不确定度为±2.92%，SiC光谱发射率测量结果的不确定度为±0.93%。

2004年德国的W. Bauer建立了测量高温陶瓷和耐火材料的光谱发射率测量装置如图2-2所示。该装置的温度测量范围是100~1200℃，光谱测量范围是2.5~25μm，采用4台可变温黑体炉和2台不同温度范围的试样加热炉。分别采用KBr、CaF$_2$和石英玻璃分束器、氘化硫酸三苷肽（DTGS）、Ge传感器测量了高温陶瓷、耐火砖和耐火水泥的光谱发射率。考察了高温陶瓷和耐火砖与温度的依赖关系。给出了高温陶瓷光谱发射率测量结果平均值的相对不确定度为5.8%。

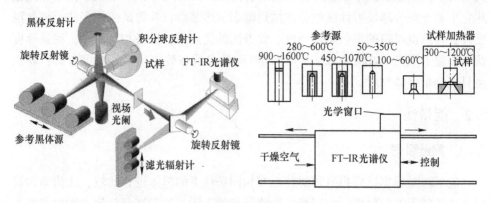

图2-1　Hanssen建立的光谱发射率测量系统　　图2-2　Bauer建立的光谱发射率测量装置

2006年，西班牙的L. Campo建立了基于FT-IR光谱仪的发射率测量装置，如图2-3所示。该发射率测量装置的温度范围是室温~1050K，波长范围1~25μm，试样加热结构可旋转至一定角度，可测方向光谱发射率。分析了试样的温度一致性和测量方法的特点，包括背景辐射的校准、仪器的响应函数、试样和黑体辐射源的光路一致性。分析了影响光谱发射率测量精度的主要因素是试样温度测量的准确性。估计了发射率测量结果的总不确定度，短波长的不确定度约为3%。

2010年，德国PTB建立了光谱发射率测量装置如图2-4所示。在大气环境下加热，温度范围80~400℃，光谱范围4~40μm。样品外围采用电热控制方式，控制背景的温度，使背景的光谱辐射亮度为常数。采用FT-IR光谱仪直接测量样品和黑体的辐射光谱，辐射能量利用率较低，降低了光谱信号的信噪比。实验测量了SiC材料的光谱发射率，估计了$k=2$时的扩展不确定度小于2%。

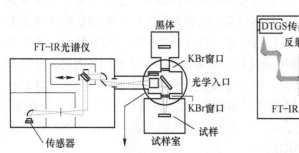

图 2-3 L. Campo 建立的光谱发射率测量装置

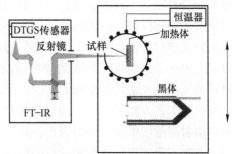

图 2-4 PTB 建立的光谱发射率测量装置

2010 年，日本的 K. Nakazawa 等人建立了法向光谱发射率测量装置，如图 2-5所示。目的是用来预测空间飞行器高温表面的温度。装置加热的温度范围是 100~1400℃，测量的光谱范围 1.6~22μm，试样置于黑体空腔口，采用黑体辐射加热控制试样的温度。测量了 500~700℃ 温度范围的 ZrO_2 材料的光谱发射率，测量结果的不确定度约为 3%。

2011 年，韩国标准与科学研究院的 G. W. Lee 等人建立了基于独立黑体能量比较法和傅里叶光谱仪的光谱发射率测量装置，如图 2-6 所示。温度范围是室温~1200℃，测量了纯铝样品在300℃的法向及方向光谱发射率，分析了 300℃ 纯铝光谱发射率测量结果的不确定度，在 4μm 光谱处的最大合成相对不确定度小于 4.3%，最小合成相对不确定度是在 10μm 光谱处的 0.57%。

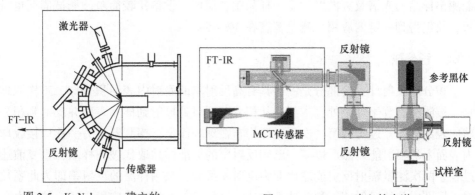

图 2-5 K. Nakazawa 建立的
光谱发射率测量装置

图 2-6 G. W. Lee 建立的光谱
发射率测量装置

综合分析比较目前国内外建立的发射率测量装置和测量方法，考虑测量发射率的目的和应用，如采用基于 FT-IR 光谱仪的发射率测量装置可测量 2~25μm 的光谱发射率，覆盖了近红外至中远红外的光谱范围，可考察材料的光谱分布特性，可计算各光电探测器响应带宽的带宽发射率，通过分析材料的光谱分布特性可指导材料制备工艺的改进；而量热法只能测量材料的半球总发射率，无法考察材料的光谱选择特性，无法提供响应不同带宽的辐射温度计所需的法向带宽发射率，即无法参与光学测温。根据高倍超音速飞行器高温材料的测量特点，即需要温度上限至少为 2000℃的发射率测量设备。本书建立了基于 FT-IR 光谱仪的高温材料的宽温区光谱发射率测量系统，用以考察材料的光谱分布特性，指导高温材料在制备工艺方面的改进；通过测量材料的法向光谱发射率，计算带宽发射率；参与辐射测温法中发射率的修正，并用于测量发动机热表面的温度、喷射粒子的温度等超高音速飞行器结构的热端温度。

2.3　反射法

根据能量守恒定律及基尔霍夫定律，只要将已知强度的辐射能投射到被测的不透明样品表面上，并用反射计测出表面反射能量，即可求得样品的反射率，进而计算发射率。通常采用的反射计有热腔反射计、积分球（抛物面、椭球面等）反射计、镜面反射计及测角反射计等。

2.3.1　热腔反射计

早在 1962 年 Dunkle 等人就建立了热腔反射计，这种方法的测量范围通常为 $1 \sim 15 \mu m$，有时可扩展到 $35 \mu m$。该方法的精度在很大程度上取决于样品温度，而且必须大大低于热腔壁的温度，所以这种方法不适于高温测量。但由于此方法能测出样品的光谱及方向发射率，样品制备简便，设备比较简单，测试周期也较短，故仍得到一定的应用。测量精度在 3%~5%。

2.3.2　积分球

积分球反射计主要部分是一个具有高反射率的漫射内表面积分球。工作原理是：被测样品置于球心处，入射光从积分球开口处投射到样品表面并反射到积分球内表面上，经过球面第一次反射即均布在球表面上，探测器从另一孔口接收球内表面上的辐射能。然后以某一已知反射率的标准样品取代被测样品，重复前述过程。两次测量辐射反射能之比即为反射率系数，被测样品的反射率即为此系数乘以标准样品的反射率。积分球反射计法测量发射率的方法应用广泛，如意大利 IMGC 的 Righini 及哈尔滨工业大学范毅等人的脉冲加热装置中都采用了积分球反射计。2000 年上海技术物理所叶家福等人介绍了他们多年一直采用椭球法测量发射率。这种方法可以覆盖相当宽的温度范围，温度上限可达 5000 ℃以上。

2.3.3　积分球测温方法

美国 NIST 的 L. M. Hanssen 采用积分球测量温度为 T 的样品表面的光谱发射

率 $\varepsilon(\lambda, T)$，方法是借助辅助光源，分别照射试样与参考标样，采用辐射计测量反射信号，并消除高温试样自身辐射产生的影响。然后，通过比较样品的辐射亮度和黑体的辐射亮度测量信号，并借助普朗克黑体辐射定律和辐射亮温的定义式解得样品表面的温度。该方法在中温区域能够较精确地测量样品的表面温度。然而在高温区，积分球测温法将不再适用，原因是高温样品的自身辐射较强，对反射光产生强干扰；其次，高温设备若采取密封结构，积分球测温法难以实现。该方法虽然巧妙地解决自由辐射状态的样品表面温度测量问题，但额外增加辅助测量装置，并且在高温真空环境下，切换积分球的过程不具有可操作性，只适用于中温度条件下的样品表面温度测量问题。

2.3.3.1 积分球的基本结构

积分球的主要部分是一个具有高漫反射内表面的空腔球体。工作原理是：将已知发射率参考样本置于样本槽，入射光从积分球入射口经反射镜投射到参考样本表面并反射到积分球内表面，经过积分球内壁漫反射而均匀分布在球表面，探测器从探测口接收球内表面的辐射能。然后将待测样本置于样本槽，重复上一过程，两次测得能量的比值即为反射率系数，反射率系数与已知样本反射率的乘积为待测样本的反射率，以此转换得到发射率。积分球测量发射率是通过积分球收集物体的半球反射能量来转换成物体的发射率。积分球在测量发射率中被用作收集从物体上反射出的半球范围内的能量，通过测量反射率间接得到发射率。

如图 2-7 所示，积分球外壁为正方体，内壁为半径为 r 的球壳。入射光源开口和探测口开口均为圆形口。样本槽是与积分球样本口完全吻合的圆形。反射镜为方形片，每个面都具有反射特性，倾角可调。积分球内壁设定为高反射的朗伯面；当内壁污损时，可以使用 BRDF 模型来描述其表面的方向异质性，吸收率依污损程度改变。光源入射口直径 $2x$，样本口直径为 $2y$，观测口为垂直向下的圆柱，圆柱直径为 $2z$。当反射镜为 45° 倾角时，入射光反

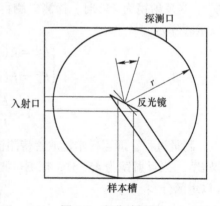

图 2-7 积分球视图

射后照射到样本槽上，为样本反射；当反射镜为 65° 倾角时，入射光反射后照射到积分球内壁上，为积分球内壁反射。

2.3.3.2 积分球测量原理

首先，假设能量为 E 的入射光经反射镜反射到达球内壁或样本槽的过程中没

有能量耗散。光在积分球内第一次反射之后的能量为 E'，E' 的大小取决于反射物（积分球内壁，参考样本，待测样本）的发射率。

$$E' = E(1 - \varepsilon) \tag{2-1}$$

假设光在积分球内部均匀分布，则每个光子出射的概率都相等。又因为积分球内壁有一定的吸收率，所以积分球内部被内壁吸收造成的能量损耗与积分球内一次反射之后的能量 E' 比值是一定的，该比例系数记为 λ_1。因为光源处有开口，从开口处会散逸部分能量，该能量损耗与积分球光源开口比例成正比，比例系数记为 λ_2，λ_2 与光源入射口开口面积 S_x 成正比。

$$\lambda_2 \propto S_x \tag{2-2}$$

将光在积分球内一次反射的过程近似简化为 2 个依次进行的部分：（1）被积分球内壁吸收；（2）从积分球开口散逸。经实验验证，积分球从探测口出射的能量与从光源入射口出射的能量比例为定值，根据能量守恒，能量衰减可近似为

$$E'' = E' - \lambda_2(E' - \lambda_1 E') = E'(1 - \lambda_1)(1 - \lambda_2) = E'\lambda \tag{2-3}$$

光在积分球内经过 n 次反射后，探测到的能量为

$$E_d = E'(1 - \lambda_1)^n(1 - \lambda_2)^n = E'\lambda^n \tag{2-4}$$

式中，λ_1 和 λ_2 可以耦合在一起计算，记一次反射能量衰减系数 $\lambda = (1 - \lambda_1)(1 - \lambda_2)$。在一次积分球测量中，包括两个部分，一是定标过程，一是样本测量过程。

定标过程，即当样本槽内放置参考样本，反射镜为 65° 时，探测口测得结果 E_d^{r1}，当反射镜为 45° 时，探测口测得结果 E_d^{r2}（定标过程的各物理量均加上标 r 以示区分）：

$$\begin{cases} E_d^{r1} = E(1 - \varepsilon^{sphere})\lambda^{r1} \\ E_d^{r2} = E(1 - \varepsilon^{reference})\lambda^{r2} \end{cases} \tag{2-5}$$

$$\varepsilon^{sphere} = 1 - \frac{E_d^{r1}}{E_d^{r2}}(1 - \varepsilon^{reference})\frac{\lambda^{r2}}{\lambda^{r1}} \tag{2-6}$$

测量过程，即当样本槽放置待测样本时，当反射镜为 65° 时，探测口测得结果 E_d^{s1}，当反射镜为 45° 时，探测口测得结果 E_d^{s2}（测量过程的各物理量均加上标 s 以示区分）：

$$\begin{cases} E_d^{s1} = E(1 - \varepsilon^{sphere})\lambda^{s1} \\ E_d^{s2} = E(1 - \varepsilon^{sample})\lambda^{s2} \end{cases} \tag{2-7}$$

$$\varepsilon^{sample} = 1 - \frac{E_d^{s2}}{E_d^{s1}}(1 - \varepsilon^{sphere})\frac{\lambda^{s2}}{\lambda^{s1}}$$

$$= 1 - \frac{E_d^{s2}}{E_d^{s1}}\left\{1 - \left[1 - \frac{E_d^{r1}}{E_d^{r2}}(1 - \varepsilon^{reference})\frac{\lambda^{r1}}{\lambda^{r2}}\right]\right\}\frac{\lambda^{s2}}{\lambda^{s1}}$$

$$= 1 - \frac{E_d^{s2}}{E_d^{s1}} \times \frac{E_d^{r1}}{E_d^{r2}} (1 - \varepsilon^{reference}) \times \frac{\lambda^{r1}}{\lambda^{r2}} \times \frac{\lambda^{s2}}{\lambda^{s1}}$$

$$\approx 1 - \frac{E_d^{s2}}{E_d^{s1}} \times \frac{E_d^{r1}}{E_d^{r2}} (1 - \varepsilon^{reference}) \tag{2-8}$$

这样就完成了从用积分球间接测量待测样本发射率的过程。

2.4 多光谱法

多光谱法是 20 世纪 70 年代末、80 年代初兴起的一种新的同时测量温度和光谱发射率的方法,其原理是通过测量目标多光谱下的辐射信息、假定发射率和波长关系模型及理论计算,得到温度和光谱发射率数据。该方法的最大优点是:不需要特制试样,测量速度快,可以在现场进行测量,测温上限几乎没有限制。但是由于其理论还不够完备,其测量精度还不高,算法对材料的适用性较差,目前,还没有一种算法可以适应所有材料。由于前述优点,该方法会成为未来研究的主要方向。国内外学者在多波长测温理论、仪器研制及应用研究等方面作了大量的工作,取得了世界瞩目的研究成果。现在的仪器水平为:(1)温度范围常温~5000℃;(2)波长数 4~35;(3)波长范围 0.5~1.1μm、1~3μm;8~14μm;(4)发射率测量精度 5% 左右。哈尔滨工业大学在多波长高温计仪器研制、理论研究及应用研究方面,均达到了世界领先水平。

2.4.1 测量原理

根据基尔霍夫定律,黑体辐射源空腔的发射率等于吸收率,在黑体辐射源空腔不透明的条件下,可通过测量反射率的方法计算出吸收率,进而获得发射率。发射率与反射率的关系为:

$$\varepsilon_b(\lambda) = a_b(\lambda) = 1 - \rho_b(\lambda) \tag{2-9}$$

式中,$\varepsilon_b(\lambda)$ 为黑体辐射源空腔的光谱有效发射率;$a_b(\lambda)$ 为黑体辐射源空腔的光谱有效吸收率;$\rho_b(\lambda)$ 为黑体辐射源空腔的光谱有效反射率。

理论上,在一定的激光功率下,交替测出集成黑体空腔辐射源和标准灰板探测器的输出信号,根据标准灰板的反射比即可计算出集成黑体空腔的反射率,然而在测量的过程中会有环境背景的噪声和系统的噪声,需要将这部分噪声从测得的信号中去除。

由于光辐射场的可叠加性,探测器测量的环境背景噪声信号和系统的噪声信号 S_{bg} 可直接从探测器测得的标准灰板的信号 S_s 以及探测器测得的集成黑体空腔辐射源信号 S_b 中减去。探测器测量的标准灰板的真实信号可以表示为

$$S_s - S_{bg} = E^s R(\lambda) = (E_1^s + E_m^s) R(\lambda)$$

$$= E_1^s \left(1 + \frac{\rho_w}{1 - \rho_w} \right) R(\lambda)$$

$$= \frac{\rho_s \Phi}{4\pi R^2} \frac{1}{1 - \rho_w} R(\lambda) \tag{2-10}$$

式中，E_1 为积分球内壁反射光的直射照度；E_m 为积分球内壁多次漫反射的照度；$R(\lambda)$ 为探测器的辐射照度光谱响应函数；ρ_s 为标准样板反射率；ρ_w 为积分球内壁平均反射比；Φ 为入射光辐射通量。

探测器测得的集成黑体空腔辐射源的真实信号可以表示为

$$S_b - S_{bg} = E^b R(\lambda) = (E_1^b + E_m^c) R(\lambda)$$

$$= E_1^b \left(1 + \frac{\rho_w}{1 - \rho_w} \right) R(\lambda)$$

$$= \frac{\rho_b \Phi}{4\pi R^2} \frac{1}{1 - \rho_w} R(\lambda) \tag{2-11}$$

式中，S_b 为探测器测量黑体时的输出信号。

由式（2-10）和式（2-11）可以计算出集成黑体空腔辐射源的反射率为

$$\rho_c = \frac{S_b - S_{bg}}{S_s - S_{bg}} \rho_s \tag{2-12}$$

考虑积分球的平均反射比在测量不同发射率材料时会变化，式（2-12）需要附加修正因子 δ 空腔黑体辐射源，则反射率为

$$\rho_b = \frac{S_b - S_{bg}}{S_s - S_{bg}} \frac{\rho_s}{\delta} \tag{2-13}$$

式（2-13）中，修正因子可表达为

$$\delta = 1 - \frac{f_0 \rho_s - f_0 \rho_b}{1 - \rho_w (1 - f_0 - f_1 - f_2) - f_1 \rho_d - f_0 \rho_b} \tag{2-14}$$

式中，f_0 为出光孔开口比；f_1 为探测器孔开口比；f_2 为进光孔开口比；ρ_d 为探测器反射比。

2.4.2　发射率假设模型

2.4.2.1　基于检定常数的数学模型

假设在制作高温测量仪的过程中选取 n 个通道，该仪器各个通道下输出信号 V_i 可用下式表示：

$$V_i = A_{\lambda_i} \varepsilon(\lambda_i, T) \times \frac{1}{\lambda_i^5 (e^{\frac{c_2}{\lambda_i T}} - 1)} \quad (i = 1, 2, \cdots, n) \tag{2-15}$$

式中，A_{λ_i} 为与探测器、光学元件、辐射常数、几何尺寸相关的检定常数，与温度无关，只与波长相关；$\varepsilon(\lambda_i,\ T)$ 为波长在 λ_i、温度在 T 时被测物体发射率。

将 $e^{\frac{c_2}{\lambda_i T}} - 1$ 等效成 $e^{\frac{c_2}{\lambda_i T}}$，式（2-15）改写成：

$$V_i = A_{\lambda_i}\varepsilon(\lambda_i,\ T)\lambda_i^{-5}e^{-\frac{c_2}{\lambda_i T}}(i = 1,\ 2,\ \cdots,\ n) \tag{2-16}$$

假定该高温测量系统有 n 个通道，可以构建 n 个方程组，由于不同波长下被测物体发射率不同，在该方程组中位置变量有 n 个通道的发射率与真温 T，未知数个数大于方程组，是欠定方程组，需借助假设方程求解，著名的假设方程如下所示：

$$\ln\varepsilon(\lambda,\ T) = a + b\lambda \tag{2-17}$$

$$\ln\varepsilon(\lambda,\ T) = \sum_{i=0}^{m} a_i\lambda^i\ (m \leqslant n - 2) \tag{2-18}$$

$$\varepsilon(\lambda,\ T) = a_0 + a_1\lambda \tag{2-19}$$

$$\varepsilon(\lambda,\ T) = \frac{1}{2}[1 + \sin(a_0 + a_1\lambda)] \tag{2-20}$$

$$\varepsilon(\lambda,\ T) = \exp[-(a_0 + a_1\lambda)^2] \tag{2-21}$$

将式（2-17）~式（2-21）五个常用假设方程中任意一个与式（2-16）组合成 $n + 1$ 个方程组，从而获取被测目标真温与不同波长下的发射率。检定常数与探测器光谱响应率、光学元件、辐射常数、仪器几何尺寸相关，由于影响检定常数因素过多，对检定常数进行标定的过程需考虑众多因素，导致标定试验工作量极大，直接影响最终计算结果。

2.4.2.2 基于亮度温度的数学模型

多波长高温测量系统 n 个通道下测量得到真温 T 与亮温 T_i 的关系为

$$\frac{1}{T} - \frac{1}{T_i} = \frac{\lambda_i}{c_2}\ln\varepsilon(\lambda_i,\ T) \tag{2-22}$$

n 个方程中含有 $n + 1$ 个未知数，需引入假设方程。将式（2-17）与 n 个方程组联立，得

$$\frac{1}{T} - \frac{1}{T_i} = \frac{\lambda_i}{c_2}(a_1\lambda_1 + a_2\lambda_i^2 + \cdots + a_m\lambda_i^m + a_0) \tag{2-23}$$

整理得到

$$-\frac{c_2}{\lambda_1 T_i} = -\frac{c_2}{\lambda_1 T_i} + a_1\lambda_1 + a_2\lambda_i^2 + \cdots + a_m\lambda_i^m + a_0 \tag{2-24}$$

将 $Y_i = -\dfrac{c_2}{\lambda_i T_i}$，$a_{m+1} = -\dfrac{c_2}{T}$，$X_{m+1,\ i} = \dfrac{1}{\lambda_i}$，$X_{1,\ i} = \lambda_i$，$X_{m,\ i} = \lambda_i^m$，最终变为

$$Y_i = a_0 + a_1 X_{1,i} + \cdots + a_{m+1} X_{m+1,i} \quad (i = 1,\ 2,\ \cdots,\ n;\ m \leqslant n - 2)$$

$$(2\text{-}25)$$

由于各个通道的亮温需要事先标定，标定不仅会增加累积误差，而且耗费大量时间，标定结果对最终测量真温与发射率影响很大。

2.4.2.3　基于参考温度的数学模型

假设黑体温度值为 T'，在该情况下被测物体发射率为1，根据式（2-16）可得到如下关系式：

$$V_i' = A_{\lambda_i} \lambda_i^{-5} e^{-\frac{c_2}{\lambda_i T'}} \big[\, \varepsilon(\lambda_i,\ T) = 1.0 \,\big]$$

$$(2\text{-}26)$$

将式（2-16）和式（2-26）对比可得

$$\frac{V_i}{V_i'} = \varepsilon(\lambda_i,\ T)\, e^{-\frac{c_2}{\lambda_i T}} e^{\frac{c_2}{\lambda_i T'}}$$

$$(2\text{-}27)$$

对式（2-27）化简整理得

$$\ln\!\left(\frac{V_i}{V_i'}\right) - \frac{c_2}{\lambda_i T'} = -\frac{c_2}{\lambda_i T} + \ln\varepsilon(\lambda_i,\ T)$$

$$(2\text{-}28)$$

将式（2-25）构建的发射率与波长之间的关系带入式（2-28）中，整理得

$$\ln\!\left(\frac{V_i}{V_i'}\right) - \frac{c_2}{\lambda_i T'} = -\frac{c_2}{\lambda_i T} + a_1 \lambda_i + a_2 \lambda_i^2 + \cdots + a_m \lambda_i^m + a_0$$

$$(2\text{-}29)$$

令 $Y_i = \ln\!\left(\dfrac{V_i}{V_i'}\right) - \dfrac{c_2}{\lambda_i T_i'}$，$a_{m+1} = -\dfrac{c_2}{T}$，$X_{m+1,i} = \dfrac{1}{\lambda_i}$，$X_{1,i} = \lambda_1$，$X_{m,i} = \lambda_i^m$，代入上式最终得到

$$Y_i = a_0 + a_1 X_{1,i} + \cdots + a_{m+1} X_{m+1,i} \quad (i = 1,\ 2,\ \cdots,\ n;\ m \leqslant n - 2)$$

$$(2\text{-}30)$$

此种方法不需依靠亮温标定温度，在参考温度场稳定的情况下就可得到被测物体的真温与发射率，外界因素对测量结果影响小。

3 发射率测量理论基础

发射率是决定空间红外绝对亮温基准源量值的关键因素之一，发射率越高则其反射就越小，受外界影响的程度小，则可保证定标器出射的能量都是自身可测的辐射量，从而保证精度。

在实际测量发射率前有必要先对辐射的基本物理量、常用定律和本书涉及的概念等进行说明和阐述。本章将简要介绍红外辐射、辐射亮度、黑体理论、黑体辐射定律、辐射传输等内容。

3.1 红外辐射

红外辐射也称红外线，是 1800 年由英国天文学家赫谢耳（Herhel）在研究太阳七色光的热效应时发现的。他用分光棱镜将太阳光分解成从红色到紫色的单色光，依次测量不同颜色光的热效应。他发现，当水银温度计移到红光边界以外，人眼看不见有任何光线的黑暗区时，温度反而比红光区域高。反复实验证明，在红光外侧，确实存在一种人眼看不见的"热线"，后来称之为"红外线"。红外线存在于自然界的任何一个角落。事实上，一切温度高于绝对零度的有生命和无生命的物体时时刻刻都在不停地辐射红外线。太阳是红外线的巨大辐射源，整个星空都是红外线源，而地球表面，无论是高山大海，还是森林湖泊，甚至是冰川雪地，也在日夜不断地辐射红外线。特别是活动在地面、水面和空中的军事装置，如坦克、车辆、军舰、飞机等，由于它们有高温部位，往往都是强红外辐射源。

由图 3-1 可知，红外辐射从可见光的红光边界开始一直扩展到电子学中的微波区边界。红外辐射的波长范围（$0.75 \sim 1000 \mu m$）是个相当宽的区域。在电磁波中，红外辐射只占有小部分波段。整个电磁波谱包括 20 个数量级的频率范围，可见光谱的波长范围（$0.38 \sim 0.75 \mu m$）只跨过一个倍频程，而红外波段（$0.75 \sim 1000 \mu m$）却跨过大约 10 个倍频程。因此，红外光谱区比可见光谱区含有更丰富的内容，通常把整个红外辐射光谱区按波长分为四个波段，见表 3-1。

表 3-1 红外辐射光谱区划分

波段	近红外	中红外	远红外	极远红外
波长/μm	$0.75 \sim 3$	$3 \sim 6$	$6 \sim 15$	$15 \sim 1000$

以上的划分方法基本上是考虑了红外辐射在地球大气层中的传输特性而确定的。例如，前三个波段中，每一个波段都至少包含一个大气窗口。所谓大气窗口是指在这一波段内，大气对红外辐射基本上是透明的，如图 3-1 所示。

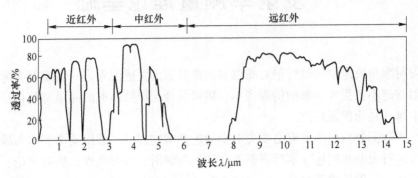

图 3-1　红外大气窗口

另外，需要说明的是，在光谱学中，根据红外辐射产生的机理不同，红外辐射按波长分为 3 个区域：近红外区：$0.75 \sim 2.5 \mu m$，对应原子能级之间的跃迁和分子振动泛频区的振动光谱带；中红外区：$2.5 \sim 25 \mu m$，对应分子转动能级和振动能级之间的跃迁；远红外区：$25 \sim 1000 \mu m$，对应分子转动能级之间的跃迁。

3.2　辐射度量

辐射度学中所用到的辐射量较多，其符号、名称也不尽统一。现分别说明红外物理和红外技术中常用的辐射量。

（1）辐射能。所谓辐射能，就是以电磁波的形式发射、传输或接收的能量，用 Q 表示，单位是 J。辐射场内单位体积中的辐射能称为辐射能密度，用 w 表示，单位是 J/m^3，其定义式为

$$w = \frac{\partial Q}{\partial V} \tag{3-1}$$

式中，V 为体积，m^3。

因为辐射能还是波长、面积、立体角等许多因素的函数，所以 w 和 Q 的关系用 Q 对 V 的偏微分来定义。同理，后面讨论的其他辐射量也将用偏微分来定义。

（2）辐射功率。辐射功率就是发射、传输或接收辐射能的时间速率，用 P 表示，单位是 W，其定义式为

$$P = \frac{\partial Q}{\partial t} \tag{3-2}$$

式中，t 为时间，s。

辐射功率 P 容易与辐射通量 Φ 混用。辐射在单位时间内通过某一面积的辐射能称为经过该面积的辐射通量，辐射通量也称为辐通量。

（3）辐射强度。辐射强度是描述点辐射源特性的辐射量。我们先说明一下什么是点辐射源（简称点源）和扩展辐射源（简称扩展源或面源）。

顾名思义，所谓点源就是其物理尺寸可以忽略不计，理想上将其抽象为一个点的辐射源。否则，就是扩展源。真正的点源是不存在的。在实际情况下，能否把辐射源看成是点源，首要问题不是辐射源的真实物理尺寸，而是它相对于观者（或探测器）所张的立体角度。例如，距地面遥远的一颗星体，它的真实物理尺寸可能很大，但是我们却可以把它看作是点源。同一辐射源，在不同场合可以是点源，也可以是扩展源。例如，喷气式飞机的尾喷口，在 1km 以外处观测，可以作为点源处理，而在 3m 处观测，就表现为一个扩展源。一般地讲，如果测量装置没有使用光学系统，只要在比辐射源的最大尺寸大 10 倍的距离处观测，辐射源就可视为一个点源。如果测量装置使用了光学系统，则基本的判断标准是探测器的尺寸和辐射源像的尺寸之间的关系：如果像比探测器小，辐射源可以认为是一个点源；如果像比探测器大，则辐射源可认为是一个扩展源。

现在我们来定义辐射强度。辐射在某一方向上的辐射强度是指辐射源在包含该方向的单位立体角内所发出的辐射功率，用 I 表示。

点源辐射如图 3-2 所示，若一个点源在围绕某指定方向的小立体角元角 $\Delta\Omega$ 内发射的辐射功率为 ΔP ，则 ΔP 与 $\Delta\Omega$ 之比的极限就是辐射源在该方向上的辐射强度 I ，即

图 3-2 点源辐射

$$I = \lim_{\Delta\Omega\to 0}\left(\frac{\Delta P}{\Delta\Omega}\right) = \frac{\partial P}{\partial\Omega} \qquad (3-3)$$

辐射强度是辐射源所发射的辐射功率在空间分布特性的描述。或者说，它是辐射功率在某方向上的角密度的度量，按定义，辐射强度的单位是 W/sr。

辐射强度对整个发射立体角 Ω 的积分，就是辐射源发射的总辐射功率 P ，即

$$P = \int_a I\mathrm{d}\Omega \qquad (3-4)$$

对于各向同性的辐射源，I 等于常数，由式（3-4）得 $P = 4\pi I$ 。对于辐射功率在空间分布不均匀的辐射源，一般说来，辐射强度 I 与方向有关，因此计算起来比较繁琐。

（4）辐射出射度。辐射出射度简称辐出度，是描述扩展源辐射特性的量。辐射源单位表面积向半球空间（2π 立体角）内发射的辐射功率称为辐射出射度，用 M 表示。

如图 3-3 所示，若面积为 A 的扩展源上围绕 x 点的一个小面元 ΔA ，向半球空间内发射的辐射功率为 ΔP ，则 ΔP 与 ΔA 之比的极限值就是该扩展源在 x 点的

辐射出射度，即

$$M = \lim_{\Delta A \to 0} \left(\frac{\Delta P}{\Delta A} \right) = \frac{\partial P}{\partial A} \qquad (3-5)$$

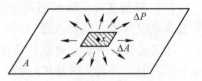

图 3-3　辐射出射度的定义

辐射出射度是扩展源所发射的辐射功率在源表面分布特性的描述。或者说，它是辐射功率在某一点附近的面密度的度量。按定义，辐射出射度的单位是 W/m^2。

对于发射不均匀的辐射源表面，表面上各点附近将有不同的辐射出射度。一般地讲，辐射出射度 M 是源表面上位置 x 的函数。辐射出射度 M 对源发射表面积 A 的积分，就是该辐射源发射的总辐射功率，即

$$P = \int_A M \mathrm{d}A \qquad (3-6)$$

如果辐射源表面的辐射出射度 M 为常数，则它所发射的辐射功率为 $P = MA$。

（5）辐射亮度。辐射亮度简称辐亮度，是描述扩展源辐射特性的量。由前面定义可知，辐射强度 I 可以描述点源在空间不同方向上的辐射功率分布，面辐射出射度 M 可以描述扩展源在源表面不同位置上的辐射功率分布。为了描述扩展源所发射的辐射功率在源表面不同位置上沿空间不同方向的分布特性，特别引入辐射亮度的概念。其描述如下：辐射源在某一方向上的辐射亮度是指在该方向上的单位投影面积向单位立体角中发射的辐射功率，用 L 表示。

如图 3-4 所示，若在扩展源表面上某点附近取一小面元 ΔA，该面积向半球空间发射的辐射功率为 ΔP。如果进一步考虑，在与面元 ΔA 的法线夹角为 θ 的方向上取一个小立体角元 $\Delta \Omega$，那么，从面元 ΔA 向立体角元 $\Delta \Omega$ 内发射的辐射通量是二级小量 $\Delta(\Delta P) = \Delta^2 P$。由于从 ΔA 向 θ 方向发射的辐射（也就是在 θ 方向观察到来自 ΔA 的辐射），在 θ 方向上看到的面元 ΔA 的有效面积即投影面积是

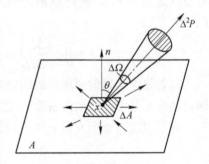

图 3-4　辐射亮度的定义

$\Delta A_\theta = \Delta A \cos \theta$，所以，在 θ 方向的立体角元 $\Delta \Omega$ 内发出的辐射，就等效于从辐射源的投影面积 ΔA_θ 上发出的辐射。因此，在 θ 方向观测到的辐射表面上位置 x 处的辐射亮度，就是 $\Delta^2 P$ 与 ΔA_θ、$\Delta \Omega$ 之积的比的极限值，即

$$L = \lim_{\substack{\Delta A \to 0 \\ \Delta \theta \to 0}} \left(\frac{\Delta^2 P}{\Delta A_\theta \Delta \Omega} \right) = \frac{\partial^2 P}{\partial A_\theta \partial \Omega} = \frac{\partial^2 P}{\partial A \partial \Omega \cos \theta} \qquad (3-7)$$

辐射亮度是扩展源辐射功率在空间分布特性的描述。辐射亮度的单位是 $W/(m^2 \cdot sr)$。

一般来说，辐射亮度的大小应该与源面上的位置 x 及方向 θ 有关。

M 是单位面积向半球空间发射的辐射功率，L 是单位表观面积向特定方向上的单位立体角发射的辐射功率，既然辐射亮度 L 和辐射出射度 M 都是表征辐射功率在表面上的分布特性，所以可以推出两者之间的相互关系。

由式（3-7）可知，源面上的小面元 dA 在 θ 方向上的小立体角元 $d\Omega$ 内发射的辐射功率为 $d^2P = L\cos\theta d\Omega dA$，所以，$dA$ 向半球空间发射的辐射功率可以通过对立体角积分得到，即

$$dP = \int_{半球空间} d^2P = \int_{2\pi半球面} L\cos\theta d\Omega dA$$

根据 M 的定义式（3-5），我们就得到 L 与 M 的关系式为

$$M = \frac{dP}{dA} = \int_{2\pi半球面} L\cos\theta d\Omega \tag{3-8}$$

在实际测量辐射亮度时，总是用遮光板或光学装置将测量限制在扩展源的一小块面元 ΔA 上。在这种情况下，由于小面元 ΔA 比较小，就可以确定处于某一 θ 方向上的探测器表面对 ΔA 中心所张的立体角元 $\Delta\Omega$。此时，用测得的辐射功率 $\Delta(\Delta P(\theta))$ 除以被测小面积元 ΔA 在该方向上的投影面积 $\Delta A\cos\theta$ 和探测器表面对 ΔA 中心所张的立体角元，便可得到辐射亮度 L。从理论上讲，将在立体角元 $\Delta\Omega$ 内所测得的辐射功率 $\Delta(\Delta P)$，除以立体角元 $\Delta\Omega$，就是辐射强度 I。

在定义辐射强度时特别强调，辐射强度是描述点源辐射空间角分布特性的物理量。同时应当指出，只有当辐射源面积（严格讲，应该是空间尺度）比较小时，才可将其看成是点源。此时，将这类辐射源称为小面源或微面源。可以说，小面源是具有一定尺度的"点源"，它是联系理想点源和实际面源的一个重要的概念。对于小面源而言，它既有点源特性的辐射强度，又有面源的辐射亮度。

对于上述所测量的小面积元 ΔA，有

$$L = \frac{\partial}{\partial A\cos\theta}\left(\frac{\partial P}{\partial\Omega}\right) = \frac{\partial I}{\partial A\cos\theta} \tag{3-9}$$

$$I = \int_{\Delta A} L dA\cos\theta \tag{3-10}$$

如果小面源的辐射亮度 L 不随位置变化（由于小面源 ΔA 面积较小，通常可以不考虑 L 随 ΔA 上位置的变化），则小面源的辐射强度为

$$I = L\Delta A\cos\theta \tag{3-11}$$

即小面源在空间某一方向上的辐射强度等于该面源的辐射亮度乘以小面源在该方向上的投影面积（或表观面积）。

（6）辐射照度。以上讨论的各辐射量都是用来描述辐射源发射特性的量。对一个受照表面接收辐射的分布情况，就不能用上述各辐射量来描述了。为了描述一个物体表面被辐照的程度，在辐射度学中，引入辐射照度的概念。

被照表面的单位面积上接收到的辐射功率称为该被照射处的辐射照度。辐射照度简称为辐照度，用 E 表示。

如图 3-5 所示，若在被照表面上围绕 x 取小面元 ΔA，投射到 ΔA 上的辐射功率为 ΔP，则表面一点处的辐射照度为

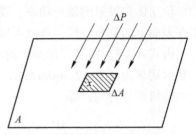

$$E = \lim_{\Delta A \to 0} \left(\frac{\Delta P}{\Delta A} \right) = \frac{\partial P}{\partial A} \qquad (3\text{-}12)$$

辐射照度的数值是投射到表面上每单位面积的辐射功率，辐射照度的单位是 $\mathrm{W/m^2}$。

图 3-5　辐射照度的定义

一般说来，辐射照度与 x 点在被照面上的位置有关，而且与辐射源的特性及相对位置有关。

辐射照度和辐射出射度具有同样的单位，它们的定义式相似，但应注意它们的差别。辐射出射度描述辐射源的特性，它包括了辐射源向整个半球空间发射的辐射功率；辐射照度描述被照表面的特性，它可以是由一个或数个辐射源投射的辐射功率，也可以是来自指定方向的一个立体角中投射来的辐射功率。

3.3　黑体理论

黑体或普朗克辐射体的发射率均等于 1。黑体辐射特性满足普朗克公式、维恩位移定律和史蒂芬-玻尔兹曼定律。基尔霍夫定律是热辐射理论的基础之一。它不仅把物体的发射与吸收联系起来，而且还指出了一个好的吸收体必然是一个好的发射体。

3.3.1　基尔霍夫定律

如图 3-6 所示，任意物体 A 置于一等温腔内，腔内为真空。物体 A 在吸收腔内辐射的同时又在发射辐射，最后物体将与腔壁达到同一温度 T，这时称物体 A 与空腔达到了热平衡状态。在热平衡状态下，物体发射的辐射功率必等于它所吸收的辐射功率，否则物体 A 将不能保持温度 T。

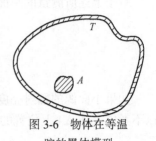

于是有

图 3-6　物体在等温腔的黑体模型

$$M = aE \qquad (3\text{-}13)$$

式中，M 为物体片的辐射出射度；a 为物体的吸收率；E 为物体 A 上的辐射照度。上式又可写为

$$\frac{M}{a} = E \qquad (3\text{-}14)$$

这就是基尔霍夫定律的一种表达形式，即在热平衡条件下，物体的辐射出射度与其吸收率的比值等于空腔中的辐射照度，这与物体的性质无关。物体的吸收率越大，则它的辐射出射度也越大，即好的吸收体必是好的发射体。对于不透明的物体，透射率为零，则 $a = 1 - \rho$，其中 ρ 是物体的反射率。这表明好的发射体必是弱的反射体。

式（3-14）用光谱量可表示为

$$\frac{M_\lambda}{a_\lambda} = E_\lambda \qquad (3-15)$$

3.3.2 黑体辐射

所谓黑体（或绝对黑体），是指在任何温度下能够吸收任何波长的全部入射辐射的物体。按此定义，黑体的反射率和透射率均为零，吸收率等于1，即

$$a_{bb} = a_{\lambda bb} = 1 \qquad (3-16)$$

黑体是一个理想化的概念，在自然界中并不存在真正的黑体。然而，一个开有小孔的空腔就可以看作一个黑体的模型。如图 3-7 所示，在一个密封的空腔上开一个小孔，当一束入射辐射由小孔进入空腔后，在腔体表面上要经过多次反射，每反射一次，辐射就被吸收一部分，最后只有极少量的辐射从腔孔逸出。譬如腔壁的吸收率为0.9，则进入腔内的辐射功率只经三次反射后，就吸收了

图 3-7 黑体示意图

入射功率的 0.999，故可以认为进入空腔的辐射完全被吸收。因此，腔孔的辐射就相当于一个面积等于腔孔面积的黑体辐射。现在我们来证明，密闭空腔中的辐射就是黑体的辐射。

如果在图 3-6 真空腔体中放置的物体是黑体，则由式（3-15）得到

$$E_\lambda = M_{\lambda bb} \qquad (3-17)$$

即黑体的光谱辐射出射度等于空腔容器内的光谱辐射照度。而空腔在黑体上产生的光谱辐射照度可用大面源所产生的辐照公式 $E_\lambda = M_\lambda \sin^2\theta$ 求得。因为黑体对大面源空间所张的半视场角 $\theta_0 = \pi/2$，则 $\sin^2\theta_0 = 1$，于是得到 $E_\lambda = M_\lambda$，即空腔在黑体上的光谱辐射照度等于空腔的光谱辐射出射度。与式（3-17）结合。则可得到

$$M_\lambda = M_{\lambda bb} \qquad (3-18)$$

即密闭空腔的光谱辐射出射度等于黑体的光谱辐射照度。所以，密闭空腔中的辐射即为黑体的辐射，而与构成空腔的材料性质无关。

3.3.3　辐射亮度与能量密度的关系

考虑一个均匀的辐射场辐射亮度与能量密度的关系时，首先确定辐射到达一给定立体角元 $d\Omega$ 的那部分场对能量密度的贡献，然后再把所有可能方向对能量密度的贡献相加。为此，在辐射场中取一面积元 dA ，如图 3-8 所示。dA 在与其法线夹角为 θ 的方向上，在立体角元 $d\Omega$ 内的辐射功率为

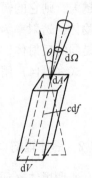

$$d^2P = LdA\cos\theta d\Omega \tag{3-19}$$

式中，L 为 dA 的辐射亮度。在 dt 时间内，通过 dA 的能量为

$$d^3Q = LdA\cos\theta d\Omega dt \tag{3-20}$$

因为该能量包含在以 dA 为底，以 $cdt\cos\theta$ 为高的体积内（c 为光速），所以包含能量密度为

图 3-8　辐射亮度与能量密度的关系

$$dw = \frac{d^3Q}{d^3V} = \frac{LdA\cos\theta d\Omega dt}{dAcdt\cos\theta} = \frac{Ld\Omega}{c} \tag{3-21}$$

场内所有方向对 dw 的贡献为

$$w = \int dw = \frac{4\pi L}{c} \tag{3-22}$$

或

$$L = \frac{cw}{4\pi} \tag{3-23}$$

因为能量密度 w 与光子数密度 n 的关系为 $w = nh\nu$ ，辐射亮度 L 与光子辐射亮度 L_p 的关系为 $L/h\nu = L_p$ ，所以有

$$L_p = \frac{cn}{4\pi} \tag{3-24}$$

3.3.4　朗伯辐射体

上面已经明确了密闭等温空腔中的辐射为黑体辐射。这里将推证黑体辐射遵守朗伯体的辐射规律。如图 3-9 所示，在一密闭等温空腔中取一假想的面 dA ，其辐射亮度为 L ，dA 在腔壁上的辐射照度按立体角投影定理有

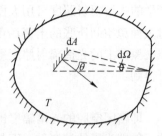

$$dE = L\cos\theta d\Omega \tag{3-25}$$

上式对 2π 立体角求积分，得腔壁面上的辐射照度为

图 3-9　腔壁的辐射照度

$$E = \int_{2\pi} L\cos\theta \mathrm{d}\Omega \tag{3-26}$$

因为空腔是等温的，所以其能量密度是均匀的，按式（3-23），辐射亮度应为常数，与方向无关。于是有

$$E = \pi L = \frac{cw}{4} \tag{3-27}$$

假如在腔壁上开一小孔，腔内辐射将通过小孔向外辐射。小孔的辐射出射度就等于腔壁的总辐射照度，即 $M = E = \pi L$，这说明小孔的辐射遵守朗伯体的辐射规律，或说小孔为朗伯源。

3.4 黑体辐射定律

3.4.1 普朗克公式

普朗克公式在近代物理发展中占有极其重要的地位。普朗克关于微观粒子能量不连续的假设，首先用于普朗克公式的推导上，并得到了与实验一致的结果，从而奠定了量子论的基础。

3.4.1.1 普朗克公式推导

由于普朗克公式是黑体辐射理论最基本的公式，因此在这里进行此公式的推导。我们采用半经典的推导方法，以空腔为黑体模型。空腔壁的原子看作是电磁振子，发射的电磁波在空腔内叠加而形成驻波。当空腔处于热平衡状态时，空腔中形成稳定的驻波。首先确定空腔中的驻波数，即模式数，然后用普朗克假设和玻耳兹曼分布规律确定每个模式的平均能量，最后求出单位体积和波长间隔的辐射能量即普朗克公式。

A 光子的状态和状态数

在经典力学中，质点的运动状态完全由其坐标 (x, y, z) 和动量 (p_x, p_y, p_z) 确定。若采用广义笛卡尔坐标 x，y，z，p_x，p_y，p_z 所组成的六维空间来描述质点的运动状态，则将这六维空间称为相空间。相空间内的点表示质点的一个运动状态。但是光子的运动状态和经典宏观质点的运动状态有着本质的区别，它受限于力学测不准关系的制约。测不准关系表明：微观粒子的坐标和动量不能同时准确测定。在三维运动情况下，测不准关系为

$$\Delta x \Delta y \Delta z \Delta p_x \Delta p_y \Delta p_z \cong h^3 \tag{3-28}$$

式中，$h = 6.624 \times 10^{-34} \mathrm{J} \cdot \mathrm{s}$，称为普朗克常数。在六维相空间中，一个光子对应的相空间体积元为 h^3，该相空间体积元称为相格。光子的运动状态在相空间中对应的不是一个点，而是一个相格。从上式还可得出一个相格所占有的坐标空间体

积为

$$\Delta x \Delta y \Delta z = \frac{h^3}{\Delta p_x \Delta p_y \Delta p_z} \tag{3-29}$$

现在考虑一个体积为 V 的空腔内的光子的集合。设空腔线度远远大于光波波长，光子频率连续分布，光子的行进方向按立体角均匀分布。该空腔内的光子集合所包含的所有可能状态是与六维相空间一定的相体积对应的。动量绝对值处于 p 到 $p + dp$ 内的光子集合所对应的体积为

$$V_{相} = 4\pi p^2 \Delta p V \tag{3-30}$$

利用关系 $p = mc = h\nu/c$（m 为光子的运动质量，c 为光速，ν 为光子的频率）可将上式化为频率处于 ν 到 $\nu + d\nu$ 内的光子集合所对应的相体积：

$$V_{相} = 4\pi \frac{h^3}{c^3} \nu^2 \Delta \nu V \tag{3-31}$$

因为一个光子状态对应的相体积元为 h^3，所以按上式可求出在空间 V 内频率处于 $\Delta \nu$ 内的光子集合所对应的状态数为

$$g_{\Delta \nu} = 4\pi \frac{\nu^2}{c^3} \Delta \nu V \tag{3-32}$$

若进一步考虑到光子的偏振特性，上式应变为

$$g_{\Delta \nu} = 8\pi \frac{\nu^2}{c^3} \Delta \nu V \tag{3-33}$$

B　电磁波的模式数

按经典电磁理论，单色平面波函数是麦克斯韦方程的一种特解，而麦克斯韦方程的通解可表示为一系列的单色平面波的线性叠加。在自由空间内，具有任意波矢 k 的单色平面波都可以存在。但在一个有边界条件限制的空间 V 内，只能存在一系列独立的具有特定波矢的平面单色驻波。这种能够存在的驻波称为电磁波的模式，在 V 内能够存在的平面单色驻波数即为模式数或称状态数。

现在来确定空腔内的模式数。设空腔体积为 $V = \Delta x \Delta y \Delta z$ 的立方体，并设空腔线度远大于电磁波波长 λ。沿三个坐标传播的波分别满足驻波条件，即

$$\Delta x = m \frac{\lambda}{2}, \quad \Delta y = n \frac{\lambda}{2}, \quad \Delta z = q \frac{\lambda}{2}$$

式中，m、n、q 为正整数。而波矢 k 应满足的条件为（$k = 2\pi/\lambda$），

$$k_x = m \frac{\pi}{\Delta x}, \quad k_y = n \frac{\pi}{2}, \quad k_z = q \frac{\pi}{\Delta z}$$

每一组正整数 m、n、q 对应腔内一种模式。

如果在以 k_x、k_y、k_z 为轴的直角坐标中，即在波矢空间中表示波的模式。则每一模式对应波矢空间的一个点。在三个坐标方向上，每一模式与相邻模式的间

隔为

$$\Delta k_x = \frac{\pi}{\Delta x}, \quad \Delta k_y = \frac{\pi}{\Delta y}, \quad \Delta k_z = \frac{\pi}{\Delta z}$$

因此，每个模式在波矢空间占有的一个体积元为

$$\Delta k_x \Delta k_y \Delta k_z = \frac{\pi^3}{\Delta x \Delta y \Delta z} = \frac{\pi^3}{V} \qquad (3\text{-}34)$$

在 k 空间，波矢绝对值处于 k 到 $k + \Delta k$ 区间的体积为 $4\pi k^2 \Delta k / 8$，故在此体积内的模式数为

$$g_{\Delta h} = \frac{1}{8} 4\pi k^2 \Delta k \frac{V}{\pi^3} \qquad (3\text{-}35)$$

利用关系式 $k = 2\pi/\lambda = 2\pi\nu/c$ 和 $\Delta k = 2\pi\Delta\nu/c$，上式可化为频率处于 ν 到 $\nu + \Delta\nu$ 内的模式数

$$g_{\Delta\nu} = 4\pi \frac{\nu^2}{c^3} \Delta\nu V \qquad (3\text{-}36)$$

再考虑对应同一 k 值有 2 种不同的偏振，上式应为

$$g_{\Delta\nu} = 8\pi \frac{\nu^2}{c^3} \Delta\nu V \qquad (3\text{-}37)$$

将上式与式（3-33）比较，可以看出光子态和电磁波模式是等效的，光子态数与电磁波模式数是相同的。

C 普朗克公式

普朗克假设在一个等温空腔内，电磁波的每一模式的能量是不连续的，只能取 $E_n = nh\nu$（$n = 1, 2, 3, \cdots$）中的任意一个值。而腔内电磁波的模式与光子态相对应，即每一光子态的能量也不能取任意值，而只能取一系列不连续值；根据普朗克的这一假设，每个模式的平均能量为

$$\bar{E} = \frac{\sum\limits_{n=0}^{\infty} nh\nu e^{-nh\nu/K_B T}}{\sum\limits_{n=0}^{\infty} e^{-nh\nu/K_B T}} = \frac{\sum\limits_{n=0}^{\infty} nh\nu e^{-nx}}{\sum\limits_{n=0}^{\infty} e^{-nx}} \qquad (3\text{-}38)$$

式中，T 为空腔的绝对温度，K，K_B 为玻耳兹曼常数，其值为 1.38×10^{-23}（J/K），$x = h\nu/(K_B T)$。因为 $\sum\limits_{n=0}^{\infty} e^{-nx} = 1/(1 - e^{-x})$，所以上式可写为

$$\bar{E} = h\nu(1 - e^{-x}) \sum_{n=0}^{\infty} n e^{-nx}$$

$$= -h\nu(1 - e^{-x}) \sum_{n=0}^{\infty} \frac{d}{dx} e^{-nx}$$

$$= -h\nu(1 - e^{-x}) \frac{d}{dx} \sum_{n=0}^{\infty} e^{-nx}$$

$$= -h\nu(1 - e^{-x}) \frac{d}{dx} \left(\frac{1}{1 - e^{-x}} \right)$$

$$= h\nu \frac{e^{-x}}{1 - e^{-x}} = \frac{h\nu}{e^x - 1}$$

$$= \frac{h\nu}{e^{h\nu/(K_B T)} - 1} \tag{3-39}$$

因为处于频率 ν 到 $\nu + \Delta\nu$ 内的模式数为

$$g_{d\nu} = \frac{8\pi\nu^2 V d\nu}{c^3}$$

则处于这个范围内的总能量为

$$E_{d\nu} = \frac{8\pi h\nu^3}{c^3} \times V \times \frac{1}{e^{h\nu/(K_B T)} - 1} d\nu \tag{3-40}$$

将上式除以 V，可得单位体积和 $d\nu$ 范围内的能量为

$$w_\nu d\nu = \frac{8\pi h\nu^3}{c^3} \times \frac{1}{e^{h\nu/(K_B T)} - 1} d\nu \tag{3-41}$$

式中，w_ν 为单位体积和单位频率间隔内的辐射能量，即为辐射场的光谱能量密度，其单位是 $J/(m^3 \cdot Hz)$。

也可根据 $w_\nu d\nu = w_\lambda(-d\lambda)$ 以及 $\lambda = c/\nu$ 和 $d\lambda = -cd\nu/\nu^2$，结合上式求得单位体积和单位波长间隔的辐射能量为

$$w_\lambda = \frac{8\pi h\nu}{\lambda^5} \times \frac{1}{e^{hc/(\lambda K_B T)} - 1} \tag{3-42}$$

这就是以波长为变量的普朗克公式。

3.4.1.2　普朗克公式及其意义

上面我们已导出以波长为变量的黑体辐射普朗克公式，其形式为

$$w_\lambda = \frac{8\pi h\nu}{\lambda^5} \times \frac{1}{e^{hc/(\lambda K_B T)} - 1} \tag{3-43}$$

按光谱辐射亮度与光谱能量密度的关系 $L_\lambda = cw_\lambda/(4\pi)$，以及黑体所遵守的朗伯辐射规律 $M_\lambda = \pi L_\lambda$，得黑体的光谱辐射出射度为

$$M_{\lambda bb} = \frac{2\pi hc^2}{\lambda^5} \times \frac{1}{e^{hc/(\lambda K_B T)} - 1} = \frac{c_1}{\lambda^5} \times \frac{1}{e^{c_2/(\lambda T)} - 1} \tag{3-44}$$

上式即为描述黑体辐射光谱分布的普朗克公式，也叫做普朗克辐射定律。式中，$M_{\lambda bb}$ 为黑体的光谱辐射出射度，$W/(m^2 \cdot \mu m)$；λ 为波长，μm；T 为绝对温

度，K；c 为光速，m/s；c_1 为第一辐射常数；c_2 为第二辐射常数；K_B 为玻耳兹曼常数，J/K。其中 $c_1 = 2\pi hc^2 = (3.7415 \pm 0.0003) \times 10^8 (\text{W} \cdot \mu\text{m}^4/\text{m}^2)$，$c_2 = hc/K_B = (1.43879 \pm 0.00019) \times 10^4 (\mu\text{m} \cdot \text{K})$。

图 3-10 给出了温度在 500 ~ 900K 范围的黑体光谱辐射出射度随波长变化的曲线，图中虚线表示 $M_{\lambda bb}$ 取极大值的位置。

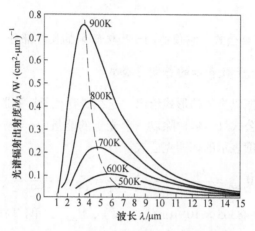

图 3-10　几种不同温度下黑体辐射出射度随波长的变化

由该图可以看出黑体辐射具有以下几个特征：

（1）光谱辐射出射度随波长连续变化，每条曲线只有一个极大值。

（2）曲线随黑体温度的升高而整体提高。在任意指定波长处，较高温度对应的光谱辐射出射度也较大，反之亦然。因为每条曲线下包围的面积正比于全辐射出射度，所以上述特性表明黑体的全辐射出射度随温度的增加迅速增大。

（3）每条曲线彼此不相交，故温度越高，在所有波长上的光谱辐射出射度也越大。

（4）每条曲线的峰值 M_{λ_m} 所对应的波长叫峰值波长。随温度的升高，峰值波长减小。也就是说温度的升高，黑体的辐射中包含的短波成分所占比例增加。

（5）黑体的辐射只与黑体的绝对温度有关。

3.4.1.3　普朗克公式的近似

下面讨论普朗克公式（3-44）在以下两种极限条件下的情况。

（1）当 $c_2/(\lambda T) \gg 1$ 时，即 $hc/\lambda \gg K_B T$，此时对应短波或低温情形，普朗克公式中的指数项远大于 1，故可以把分母的 1 忽略，这时普朗克公式变为

$$M_{\lambda bb} = \frac{c_1}{\lambda^5} e^{-\frac{c_2}{\lambda T}} \tag{3-45}$$

这就是维恩公式, 它仅适用于黑体辐射的短波部分。

(2) 当 $c_2/(\lambda T) \ll 1$ 时, 即以 $hc/\lambda \ll 1$, 此时对应长波或高温情形, 可将普朗克公式中的指数项展成级数, 并取前两项: $e^{\frac{c_2}{\lambda T}} = 1 + c_2/(\lambda T) + \cdots$, 这时普朗克公式变为

$$M_{\lambda bb} = \frac{c_1}{c_2} \times \frac{T}{\lambda^4} \qquad (3-46)$$

这就是瑞利-普金公式, 它仅适用于黑体辐射的长波部分。

3.4.1.4　用光子数表示的普朗克公式

普朗克公式也能以光子的形式给出, 这在研究光子探测器的性能时是很有用的。如果将普朗克公式 (3-44) 除以一个光子的能量 $h\nu = hc/\lambda$, 就可以得到以光谱光子辐射出射度表示的普朗克公式

$$M_{p\lambda bb} = \frac{c_1}{hc\lambda^4} \times \frac{1}{e^{c_2/(\lambda T)} - 1} = \frac{c_1'}{\lambda^4} \times \frac{1}{e^{c_2/(\lambda T)} - 1} \qquad (3-47)$$

式中, $c_1' = 2\pi c = 1.88365 \times 10^{27} \, \mu m/(s \cdot m^2)$, $M_{p\lambda bb}$ 为单位时间内黑体单位面积、单位波长间隔向空间半球发射的光子数, $1/(s \cdot m^2 \cdot \mu m)$。

3.4.1.5　用其他变量表示的普朗克公式

除了以波长为变量来表示普朗克公式外, 还可以用其他变量来表示。这些变量是频率 ν, 圆频率 w, 波数 $\bar{v}$, 波矢 k, 归一化辐射变量 $x(x = h\nu/(K_B T))$。这些变量 (包括波长变量) 又叫光谱变量, 它们之间的关系为

$$\nu = c\bar{v} = \frac{w}{2\pi} = \frac{c}{2\pi}k = \frac{K_B T}{h}x = \frac{c}{\lambda} \qquad (3-48)$$

$$\lambda = \frac{c}{\nu} = \frac{1}{\bar{v}} = 2\pi c \frac{1}{w} = (2\pi)\frac{1}{k} = \frac{hc}{K_B T} \times \frac{1}{x} \qquad (3-49)$$

由以上关系可以得到它们的微分关系

$$d\nu = c d\bar{v} = \frac{1}{2\pi}dw = \frac{c}{2\pi}dk = \frac{K_B T}{h}dx = -c\frac{d\lambda}{\lambda^2} \qquad (3-50)$$

$$d\lambda = -c\frac{d\nu}{\nu^2} = -\frac{d\bar{v}}{\bar{v}^2} = -(2\pi c)\frac{dw}{w^2} = -(2\pi)\frac{dk}{k^2} = -\left(\frac{hc}{K_B T}\right)\frac{dx}{x^2} \qquad (3-51)$$

有了上面这些变量之间的关系和变量微分之间的关系, 就可以利用波长为变量的普朗克公式 (3-44) 和式 (3-47) 求出用其他变量表示的普朗克公式。例如, 求以频率表示的普朗克公式, 可得

$$M_{p\lambda bb}(-d\lambda) = M_{p\nu bb}(d\nu) \tag{3-52}$$

由上式可知，无论用什么变量来表示，单位时间、单位面积该黑体发射的光子数是不变的。按上式有

$$\frac{2\pi c}{\lambda^4} \times \frac{d\lambda}{e^x - 1} = \frac{2\pi c}{(c/\nu)^4} \times \frac{1}{e^x - 1} \times \frac{c d\nu}{\nu^2} = \frac{2\pi\nu^2}{c^2} \times \frac{d\nu}{e^x - 1} \tag{3-53}$$

于是得

$$M_{wbb} = \frac{2\pi\nu^2}{c^2} \times \frac{1}{e^x - 1} \tag{3-54}$$

由 $M_{\nu bb} = M_{p\nu bb}h\nu$ 得

$$M_{\nu bb} = \frac{2\pi h\nu^3}{c^2} \times \frac{1}{e^x - 1} \tag{3-55}$$

类似的推导可得如下关系：

$$M_{\lambda bb}\lambda = M_{\nu bb}\nu = M_{wbb}w = M_{\bar{\nu}bb}\bar{\nu} = M_{kbb}k = M_{xbb}x \tag{3-56}$$

3.4.1.6 广义普朗克函数

广义普朗克函数为

$$R(x, T) = \frac{CT^l x^m}{e^x - 1} \tag{3-57}$$

式中，C 为常数；m，l 为整数。若 T = 常数，上式也可写成

$$R = \frac{Ay^m}{e^x - 1} \tag{3-58}$$

式中，y 代表各个变量中的某一个变量，A 为常数。式（3-57）和式（3-58）就称为广义普朗克函数。

广义普朗克函数从 $0 \sim \infty$ 对 x 积分，称为广义普朗克函数的积分。

$$I_m = CT^l \int_0^\infty \frac{x^m}{e^x - 1} dx \tag{3-59}$$

为计算上式中的积分，首先利用关系式：

$$\frac{1}{1 - e^{-\tau}} = 1 + e^{-1} + e^{-2} + \cdots = \sum_{n=0}^\infty e^{-n\tau} \tag{3-60}$$

于是，

$$\int_0^\infty \frac{x^m}{e^x - 1} dx = \int_0^\infty x^m \frac{e^x}{1 - e^x} dx = \int_0^\infty x^m \sum_{n=0}^\infty e^{-(n+1)x} dx = \sum_{n=0}^\infty \int_0^\infty x^m e^{-(n+1)x} dx \tag{3-61}$$

再利用积分公式：

$$\int_0^\infty x^m e^{-ax} dx = \frac{m!}{a^{m+1}} \tag{3-62}$$

则上面的积分可化为

$$\int_0^\infty \frac{x^m}{e^x - 1} dx = \sum_{n=0}^\infty \frac{m!}{(n+1)^{m+1}} = m! \sum_{n=0}^\infty \frac{1}{(n+1)^{m+1}} \tag{3-63}$$

最后再引用 ξ 函数：

$$\xi(x) = \sum_{n=1}^\infty \frac{1}{n^\tau} \tag{3-64}$$

就可得出

$$\int_0^\infty \frac{x^m}{e^x - 1} dx = m! \, \xi(m+1) \tag{3-65}$$

表 3-2 列出了 $m = 1,\ 2,\ 3,\ 4,\ 5$ 的 $\xi(m+1)$ 和 $m!\,\xi(m+1)$ 的值，以供计算时引用。

表 3-2　$\xi\,(m+1)$ 和 $m!\,\xi\,(m+1)$ 的值

m	1	2	3	4	5
$\xi(m-1)$	$\dfrac{\pi^2}{6}$	1.2021	$\dfrac{\pi^4}{90}$	1.0369	$\dfrac{\pi^4}{945}$
$m!\,\xi(m-1)$	$\dfrac{\pi^2}{6}$	2.0441	$\dfrac{\pi^4}{15}$	24.9863	$\dfrac{8\pi^4}{63}$

3.4.2　维恩位移定律

此定律给出了黑体光谱辐射出射度的峰值 M_{λ_m} 所对应的峰值波长与黑体绝对温度 T 的关系表达式。

3.4.2.1　维恩位移定律推导

维恩位移定律可由普朗克公式（3-44）对波长求导数，并令导数等于零求得，即令

$$\frac{dM_{\lambda bb}}{d\lambda} = \frac{d}{d\lambda} \left(\frac{c_1}{\lambda^5} \times \frac{1}{e^{c_2/(\lambda T)} - 1} \right) = 0 \tag{3-66}$$

由上式可得

$$\left(1 - \frac{x}{5} \right) e^x = 1 \tag{3-67}$$

其中 $x = c_2/(\lambda T)$。可以用逐次逼近的方法解得

$$x = \frac{c_2}{\lambda_m T} = 4.9651142 \tag{3-68}$$

最终得到维恩位移定律的表示式为

$$\lambda_{m} T = b \qquad (3-69)$$

式中，常数 $b = c_2/x = 2898.8 \pm 0.4 \mu m \cdot K$。

维恩位移定律表明，黑体光谱辐射出射度峰值对应的峰值波长 λ_m 与黑体的绝对温度 T 成反比。图 3-10 中的虚线，就是这些峰值的轨迹。由维恩位移定律可以计算出：人体（$T = 310K$）辐射的峰值波长约为 $9.4\mu m$；太阳（看 $T = 6000K$ 的黑体）的峰值波长约为 $0.48\mu m$。可见，太阳辐射的 50% 以上功率是在可见光区和紫外区，而人体辐射几乎全部在红外区。

3.4.2.2 黑体光谱辐射出射度的峰值

将维恩位移定律 $\lambda_m T$ 的值代入普朗克公式，可得到黑体光谱辐射出射度的峰值 $M_{\lambda_m bb}$

$$M_{\lambda_m bb} = \frac{c_1}{\lambda_m^5} \times \frac{1}{e^{c_2/(\lambda_m T)} - 1} = \frac{c_1}{b^5} \times \frac{T^5}{e^{c_2/b} - 1} = b_1 T^5 \qquad (3-70)$$

式中，常数 $b_1 = 1.2862 \times 10^{11} W/(m^2 \cdot \mu m \cdot K^5)$。

上式表明，黑体的光谱辐射出射度峰值与绝对温度的五次方成正比。与图 3-10 中的曲线随温度的增加辐射曲线的峰值迅速提高相符。

3.4.2.3 光子辐射量的维恩位移定律

将用光子数表示的普朗克公式（3-47）对波长求导，并令其导数等于零，得

$$\frac{dM_{p\lambda bb}}{d\lambda} = \frac{d}{d\lambda}\left(\frac{c_1'}{\lambda^4} \times \frac{1}{e^x - 1}\right) = 0 \qquad (3-71)$$

由上式可得到

$$\left(1 - \frac{x}{4}\right) e^x = 1$$

其中 $x = c_2/(\lambda T)$。仍可以用逐步逼近的方法，得

$$x = 3.920690395$$

所以，可得到黑体光谱光子辐射出射度峰值对应的峰值波长 λ_m' 与绝对温度 T 所满足的关系为

$$\lambda_m' T = b' \qquad (3-72)$$

式中，$b' = 3669.73\mu m \cdot K$，它与维恩位移定律式（3-69）具有相同的形式。所不同的是两种情况下常数 b 和 b' 的数值并不相等。它表明，光谱辐射出射度与光谱光子辐射出射度的峰值所对应的波长并不相同。一般讲，光谱光子辐射出射度的峰值波长要比光谱辐射出射度的峰值波长长 25% 左右。

将式（3-72）代入式（3-47），则可得到黑体光谱光子辐射出射度的峰值为

$$M_{p\lambda bb} = \frac{c_1'}{(b'/T)^4} \times \frac{1}{e^{c_2/b'} - 1} = b_1' T^4 \tag{3-73}$$

式中，常数 $b_1' = 2.10098 \times 10^{-1} (s \cdot m^2 \cdot \mu m \cdot K^4)^{-1}$。

3.4.2.4　维恩位移定律的广义表达式

为得到某确定温度下，广义普朗克函数的峰值 R_{max} 所对应的峰值变量 x_{max}，可由广义普朗克函数式 $R = Ay^m/(e^x - 1)$ 出发，将 x 看作 y、T 的函数，将 R 对 y 求导数，并令其导数等于零，可以得到

$$\pm m \frac{1}{y} + \frac{xe^x}{e^x - 1}\left(\frac{1}{T}\frac{dT}{dy} \mp \frac{1}{y}\right) = 0 \tag{3-74}$$

因为是在等温情况下，则有：

$$\frac{xe^x}{e^x - 1} = m \tag{3-75}$$

这就是维恩位移定律的广义表达式。由此得到峰值变量 x_{max}。将 x_{max} 代入广义普朗克函数，可以得到

$$R_{max} = Cx_{max}^m \times \frac{T^m}{e_{max}^x - 1}$$

式中，C 为常数，令 $R_{max}' = x_{max}^m/(e_{max}^x - 1)$，则

$$R_{max} = R_{max}' CT^m \tag{3-76}$$

3.4.3　斯蒂芬-玻耳兹曼定律

此定律给出了黑体的全辐射出射度与温度的关系。本定律由斯洛文尼亚物理学家约瑟夫·斯蒂芬（Josef Stefan）和奥地利物理学家路德维希·玻耳兹曼分别于 1879 年和 1884 年各自独立提出。提出过程中斯蒂芬通过的是对实验数据的归纳总结，玻耳兹曼则是从热力学理论出发，通过假设用光（电磁波辐射）代替气体作为热机的工作介质，最终推导出与斯蒂芬归纳结果相同的结论。本定律最早由斯蒂芬于 1879 年 3 月 20 日以 ber die Beziehung zwischen der Wä rme-strahlung und der Temperatur（《论热辐射与温度的关系》）为论文题目发表在维也纳科学院的大会报告上，这是唯一一个以斯洛文尼亚人的名字命名的物理学定律。

3.4.3.1　斯蒂芬-玻耳兹曼定律推导

利用普朗克公式（3-44），对波长从 0 到 ∞ 积分可得

$$M_{bb} = \int_0^\infty M_{\lambda bb} d\lambda = \int_0^\infty \frac{c_1}{\lambda^5} \times \frac{d\lambda}{e^{c_2/xT} - 1} \tag{3-77}$$

利用 $\lambda = c_2/(xT)$ 及 $\mathrm{d}\lambda = -c_2\mathrm{d}x/(Tx^2)$，把上式变量 λ 换为 x，有

$$M_{\mathrm{bb}} = \int_0^\infty \frac{c_1}{[c_2/(xT)]^5} \times \frac{-\dfrac{c_2\mathrm{d}x}{Tx^2}}{\mathrm{e}^x - 1} = \frac{c_1}{c_2^4}T^4 \int_0^\infty \frac{x^3}{\mathrm{e}^x - 1}\mathrm{d}x$$

当 $m = 3$ 时，上式中的积分等于 $\pi^4/15$，所以有

$$M_{\mathrm{bb}} = \frac{c_1}{c_2^4} \times T^4 \times \frac{\pi^4}{15} = \sigma T^4 \tag{3-78}$$

上式即为斯蒂芬-玻耳兹曼定律，式中 $\sigma = c_1\pi^4/(15c_2^4) = (5.6697 \pm 0.0029) \times 10^8\mathrm{W}/(\mathrm{m}^2 \cdot \mathrm{K}^4)$。

该定律表明，黑体的全辐射出射度与其温度的四次方成正比。因此，当温度有很小变化时，就会引起辐射出射度的很大变化。

图 3-10 中每条曲线下的面积，代表了该曲线对应黑体的全辐射出射度。可以看出，随温度的增加，曲线下的面积迅速增大。

3.4.3.2 用光子数表示的斯蒂芬-玻耳兹曼定律

将光谱光子辐射出射度表示式（3-47）对波长从 0 到 ∞ 积分，即可得到黑体的光子全辐射出射度。其推导方法与式（3-78）的推导方法相同。最后推得

$$M_{\mathrm{pbb}} = \sigma' T^3 \tag{3-79}$$

式中，常数 $\sigma' = 2c_1'\pi^3/(c_2^3 \times 25.79436) = 1.52041 \times 10^{15}(\mathrm{s} \cdot \mathrm{m}^2 \cdot \mathrm{K}^3)^{-1}$。

上式表明，黑体的光子辐射出射度与其绝对温度的三次方成正比。

4 发射率机理模型

本章主要介绍金属材料采用 Drude 模型、非金属材料采用洛伦兹复介电函数模型计算材料的复折射率，利用 Mie 散射理论计算粒子的吸收效率、散射效率以及消光效率，Kubelka-Munk 理论计算出媒介中的吸收系数和后向散射系数，最后利用菲涅尔公式求得材料的反射率，进而得到材料的发射率。

4.1 金属材料

4.1.1 Drude 模型

1900 年 Paul Drude 提出 Drude 电导模型来解释电子在材料（特别是金属）中的传输特性。该模型是动力学理论的一个应用，假定电子在固体中的微观行为可以被经典地处理，看起来就像一个弹球机器，它有一个不断抖动的电子的海洋，其中电子不断在较重的、相对固定的正离子之间来回反弹。

Drude 模型的两个最重要的结论是电子运动方程：

$$\frac{\mathrm{d}}{\mathrm{d}t}|p(t)| = q\left(E + \frac{|p(t)|\times B}{m}\right) - \frac{|p(t)|}{\tau} \tag{4-1}$$

以及电流密度 J 和电场 E 之间的线性关系：

$$J = \left(\frac{nq^2\tau}{m}\right)E \tag{4-2}$$

式中，t 为时间；$|p|$ 为每个电子的平均动量，q，n，m，τ 分别是电子电荷，数密度，质量和离子碰撞之间的平均自由时间，也就是平均时间和自上次碰撞后电子已经行进的时间。该模型在 1905 年由 Hendrik Antoon Lorentz（因此也被称为Drude-Lorentz 模型）进行了扩展，并且成为一个经典模型。后来在 1933 年由 Arnold Sommerfeld 和 Hans Bethe 补充了量子理论的结论，形成了 Drude-Sommerfeld 模型。Drude 模型认为金属是由大量带正电的离子形成的，大量的"自由电子"从这些离子中分离出来。当原子的价位与其他原子的势能相接触时，这些可能被认为是离域的。Drude 模型忽略了电子和离子之间或电子之间的任何长程相互作用。这种电子后续碰撞之间的平均时间为 τ，而电子碰撞的性质对 Drude 模型的计算和结论无关紧要。碰撞事件发生后，电子的速度（和方向）仅取决于局部温度分布，并且与碰撞事件之前的电子速度完全无关。

4.1.2 常见金属发射率模型

通过 Drude 模型计算出材料光
学常数 n 和 k，利用菲涅尔方程计
算反射率，最后得到发射率。常见
金属的 τ 和 ω_p：金（Au）的 ω_p 为
1.36×10^{16}，τ 值 8.02×10^{-15}；银
（Ag）的 ω_p 为 1.36×10^{16}，τ 值 $3.11 \times$
10^{-14}；铜（Cu）的 ω_p 为 1.29×10^{16}，
τ 值 6.19×10^{-15}；铝（Al）的 ω_p 为
2.02×10^{16}，τ 值 0.5×10^{-14}。这几种
金属仿真发射率如图 4-1 所示。

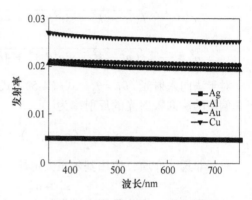

图 4-1　不同材料的仿真发射率

4.2　非金属材料

4.2.1 洛伦兹复介电函数模型

洛伦兹复介电函数模型为

$$\varepsilon(v) = 1 + \sum_j \frac{v_{pj}^2}{v_j^2 - v^2 + i\gamma_j^v} \tag{4-3}$$

式中，v_{pj} 为等离子体振荡频率，Hz；v_j 为共振频率，Hz；γ_j 为振荡体的衰减因子。

复介电函数 $\varepsilon(v)$ 由一系列中心频率 v_j 的单峰波形叠加而成，当 $v >> v_j$，带宽 j 对复介电函数的贡献值趋于零；当 $v << v_j$，复介电函数 $\varepsilon(v)$ 的叠加部分趋于常值 $(v_{pj}/v_j)^2$。因此，对于任一非叠加光谱带 i，复介电函数可表达为

$$\varepsilon(v) = \varepsilon_0 + \frac{v_{pj}^2}{v_j^2 - v^2 + i\gamma_i^v} \tag{4-4}$$

式中，ε_0 为短波所有带宽常量的叠加。

洛伦兹介电函数模型的实部与虚部为

$$\varepsilon' = \varepsilon_s + \frac{v_{pj}^2(v_i^2 - v^2)}{(v_i^2 - v^2)^2 + \gamma_i^2 v^2} \qquad \varepsilon'' = \varepsilon_s + \frac{v_{pj}^2 \gamma_i^v}{(v_i^2 - v^2)^2 + \gamma_i^2 v^2}$$

当电磁波在大气中传播时，折射系数 $n = 1$，以入射角 θ_1 入射到导体表面时，导体的折射系数为复折射率 $m = n - ik$，以菲涅尔关系式预测平行偏振光与垂直偏振光的方程为

$$\rho_\parallel = \frac{(p - \sin\theta_1 \tan\theta_1)^2 + q^2}{(p + \sin\theta_1 \tan\theta_1)^2 + q^2} \rho_\perp \tag{4-5}$$

$$\rho_\perp = \frac{(\cos\theta_1 - p)^2 + q^2}{(\cos\theta_1 + p)^2 + q^2} \tag{4-6}$$

$$p^2 = \frac{1}{2}\left[\sqrt{(n^2 - k^2 - \sin^2\theta_1)^2 + 4n^2k^2} + (n^2 - k^2 - \sin^2\theta_1)\right] \tag{4-7}$$

$$q^2 = \frac{1}{2}\left[\sqrt{(n^2 - k^2 - \sin^2\theta_1)^2 + 4n^2k^2} - (n^2 - k^2 - \sin^2\theta_1)\right] \tag{4-8}$$

对于法向入射光，$\theta_1 = \theta_2$，式（4-5）~式（4-8）简化为 $p = n$，$q = k$，那么对于非偏振的法向入射光的反射率为

$$\rho'_\lambda = \frac{1}{2}(\rho_\perp + \rho_\parallel) = \frac{(n-1)^2 + k^2}{(n+1)^2 + k^2} \tag{4-9}$$

对于非透明介质，应用基尔霍夫定律

$$\varepsilon'_\lambda = \alpha'_\lambda = 1 - \rho'_\lambda \tag{4-10}$$

若采用电磁波理论预测光谱发射率，需采用实验方法或色散理论预测复介电常数，在色散理论中，复介电函数 $\varepsilon = \varepsilon' - i\varepsilon''$，当假设材料表面由谐振子组成，并与电磁波相互作用，复介电函数与复折射率的关系式为 $\varepsilon = m^2$，折射系数 n 和消光系数 k 与复介电函数的实部与虚部的关系式为

$$n^2 = \frac{1}{2}(\varepsilon' + \sqrt{\varepsilon'^2 + \varepsilon''^2}) \tag{4-11}$$

$$k^2 = \frac{1}{2}(-\varepsilon' + \sqrt{\varepsilon'^2 + \varepsilon''^2}) \tag{4-12}$$

式中，ε' 为复介电函数的实部，$\varepsilon' = \varepsilon/\varepsilon_0$；$\varepsilon''$ 为复介电函数的虚部，$\varepsilon'' = \sigma_e/2\pi\nu\varepsilon_0$；$\varepsilon_0$ 为真空介电常数值；σ_e 为材料电导率。

4.2.2 SiC 材料发射率模型

基于洛伦兹复介电模型的光谱发射率数学表达式为

$$\begin{cases} \varepsilon' = \varepsilon_S + \dfrac{\nu_{pi}^2(\nu_i^2 - \nu^2)}{(\nu_i^2 - \nu^2)^2 + \gamma_i^2\nu^2} \\[3mm] \varepsilon'' = \dfrac{\nu_{pi}^2\gamma_i\nu}{(\nu_i^2 - \nu^2)^2 + \gamma_i^2\nu^2} \\[3mm] \varepsilon(\nu) = \varepsilon_0 + \dfrac{\nu_{pi}^2}{\nu_i^2 - \nu^2 + i\gamma_i\nu} \\[3mm] n = \sqrt{\dfrac{1}{2}(\varepsilon' + \sqrt{\varepsilon'^2 + \varepsilon''^2})} \\[3mm] k = \sqrt{\dfrac{1}{2}(-\varepsilon' + \sqrt{\varepsilon'^2 + \varepsilon''^2})} \\[3mm] \varepsilon(\lambda, T) = 1 - \dfrac{(n-1)^2 + k^2}{(n+1)^2 + k^2} \end{cases} \tag{4-13}$$

依据文献中 SiC 的复介电函数中参数，$\varepsilon_0 = 6.7$，$\nu_{pi} = 4.327 \times 10^{13}$ Hz，$\nu_i = 2.380 \times 10^{13}$ Hz，$\gamma_i = 1.428 \times 10^{11}$ Hz，利用基于洛伦兹复介电模型的发射率模型，仿真得到 SiC 的发射率曲线，如图 4-2 所示。

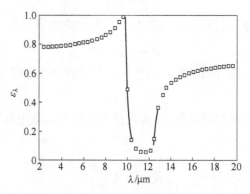

图 4-2　SiC 的发射率曲线

4.3　多膜系材料

鉴于太阳能选择性吸收涂层的多层膜结构，膜材料的介电性能和膜厚共同决定了涂层的光谱辐射特性，吸收膜并非由单一材料构成，而是由两种或多种材料构成的复合膜。由此可见，有效介质理论和薄膜光学的传播矩阵理论是研究涂层发射率模型必不可少的基础理论。

4.3.1　有效介质理论

有效介质理论是研究复合材料介电性能的主要理论之一，可将复合材料构成的多层吸收介质视为具有等效介电性能的均匀介质。以等效的复介电函数对这种复合介质的介电性能进行表述，研究各组成材料介电函数与复合介质等效介电函数之间关系的主要有 Maxwell-Garnett（MG）公式和 Burggeman（BR）公式。

（1）MG 公式。Maxwell-Garnett 理论假设镶嵌在基体介质中的金属微粒是弥散分布的，而且金属微粒的体积数远小于基体介质的体积数，这种弥散分布的微结构和理想金属微粒的分布如图 4-3 所示。

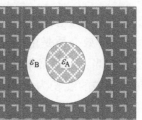

图 4-3　弥散微结构和 MG 理论的单元模型

假设介质中激励的平均宏观电场为 $\overline{D}$，电感应强度为 $\overline{E}$，则均匀辐射介质的有效介电函数为

$$\overline{D} = \varepsilon'_e \overline{E} \tag{4-14}$$

电感应强度依赖于材料的极化强度 $\overline{P}$，则宏观电场 $\overline{D}$ 可表示为

$$\overline{D} = \varepsilon'_d \overline{E} + \overline{P} \tag{4-15}$$

式中，ε'_d 为基体介质的介电常数。其单位体积的极化强度应为

$$\overline{P} = n_0 \alpha E_e \tag{4-16}$$

式中，n_0 为单位体积内的微粒数；α 为极化率；E_e 为宏观电场和去极化电场的和。电场的总和可表示为

$$\overline{E}_e = \overline{E} + \frac{\overline{L}\,\overline{P}}{\varepsilon'_d} \tag{4-17}$$

式中，$\overline{L}$ 为单个球形微粒上的二重去极化分量，$\overline{L} = \overline{I}/3$，$\overline{I}$ 为单位矢量。

当球形金属微粒的介电函数为 ε'_1，极化强度 $\overline{P} = (\varepsilon'_1 - \varepsilon'_d)\overline{E} = \alpha \overline{E}_e$，则金属微粒的极化率为

$$\alpha = v_0(\varepsilon'_1 - \varepsilon'_d)\frac{3\varepsilon'_d}{\varepsilon'_1 + 2\varepsilon'_d} \tag{4-18}$$

式中，v_0 为微粒体积数；ε'_d 为介质的介电函数。所以，复合材料的有效介电函数可表示为

$$\varepsilon'_e = \varepsilon'_d + \frac{3q_1(\varepsilon'_1 - \varepsilon'_d)\varepsilon'_d/\varepsilon'_1 + 2\varepsilon'_d}{1 - q_1(\varepsilon'_1 - \varepsilon'_d)/\varepsilon'_1 + 2\varepsilon'_d} \tag{4-19}$$

式中，q_1 为球形微粒占有的体积分数，$q_1 = n_0 v_0$。

当金属微粒视为球对称，则式（4-19）改写为

$$\varepsilon'_e = \varepsilon'_d \frac{\varepsilon'_1 + 2\varepsilon'_d\varepsilon'_1 + 2\varepsilon'_d + 2q_1(\varepsilon'_1 - \varepsilon'_d)}{\varepsilon'_1 + 2\varepsilon'_d\varepsilon'_1 + 2\varepsilon'_d - q_1(\varepsilon'_1 - \varepsilon'_d)} \tag{4-20}$$

将式（4-20）整理，得到 MG 理论公式：

$$\frac{\varepsilon'_e - \varepsilon'_d}{\varepsilon'_e + 2\varepsilon'_d} = q_1 \frac{\varepsilon'_1 - \varepsilon'_d}{\varepsilon'_1 + 2\varepsilon'_d} \tag{4-21}$$

（2）BR 公式与 MG 理论在认为一种材料嵌入另一种材料方面上有所不同，Bruggeman 理论认为等效介质是由两种颗粒很小的材料 1 和 2 相互混合，而且两种材料的体积分数相当，形成聚集结构，如图 4-4 所示。对于由 N 个晶粒组成的不均匀介质，每个晶粒的线长为 b，远小于入射辐射的波长，即满足 $b \ll \lambda$，各晶粒到中心的距离分别为 r_1，r_2，$\cdots$，r_k，第 i 个晶粒的介电函数为 ε'_i，分布函数为 $p(\varepsilon'_1，\varepsilon'_2，\cdots，\varepsilon'_N)$。分布函数等于各单晶计划函数的乘积：

$$p(\varepsilon'_1, \ \varepsilon'_2, \ \cdots, \ \varepsilon'_N) = p(\varepsilon'_1) \times p(\varepsilon'_2) \cdots \times p(\varepsilon'_N) \qquad (4\text{-}22)$$

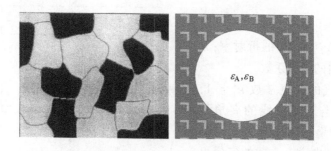

图 4-4 聚集微结构和 BR 理论的单元模型

通过晶粒介电函数 ε_0 和外电场强度 $\overline{E}$ 估算晶粒 i 的电场强度和电感应强度，得到有效介电函数：

$$\varepsilon'_e(\varepsilon'_0) = \frac{\sum_i \overline{D}(\varepsilon'_i, \ \varepsilon'_0)}{\sum_i \overline{E}(\varepsilon'_i, \ \varepsilon'_0)} \qquad (4\text{-}23)$$

当晶粒为球形，且尺寸非常小，则式（4-23）可近似为

$$\varepsilon'_e = \varepsilon'_0 \left(\frac{1 + 2 \displaystyle\sum_i q_i \frac{\varepsilon'_i - \varepsilon'_0}{\varepsilon'_i + 2\varepsilon'_0}}{1 - \displaystyle\sum_i q_i \frac{\varepsilon'_i - \varepsilon'_0}{\varepsilon'_i + 2\varepsilon'_0}} \right) \qquad (4\text{-}24)$$

式中，q_i 为第 i 个晶粒的体积分数。

令 $\varepsilon'_e = \varepsilon'_0$，则有：

$$\sum_i q_i \frac{\varepsilon'_i - \varepsilon'_0}{\varepsilon'_i + 2\varepsilon'_0} = 0 \qquad (4\text{-}25)$$

假定复合材料由 2 种材料组成，材料 1 的体积分数 q 小于材料 2 的体积分数，材料 2 的体积分数为 $1-q$，令 $\varepsilon'_2 = \varepsilon'_0$，则得到 BR 理论公式：

$$q \frac{\varepsilon'_1 - \varepsilon'_e}{\varepsilon'_1 + 2\varepsilon'_e} + (1 - q) \left(\frac{\varepsilon'_2 - \varepsilon'_e}{\varepsilon'_2 + 2\varepsilon'_e} \right) = 0 \qquad (4\text{-}26)$$

4.3.2 传播矩阵理论

传播矩阵可以实现对多层膜结构材料（见图 4-5）的表面辐射性质的分析。对于一个有 N 层薄膜组成的多层膜系结构材料，其中第 j 层膜的复介电函数为 ε'_j，磁导率为 μ_j。假设各层膜均为非磁性材料（$u_j = 1$），则第 j 层膜的复介电

函数与折射率和消光系数之间满足如下关系：

$$\sqrt{\varepsilon_j'} = n_j + ik_j \qquad (4\text{-}27)$$

式中，n_j 为第 j 层材料的折射率；k_j 为第 j 层材料的消光系数。

假设空气的介电常数 $\varepsilon_1' = 1$，入射电磁波与表面法线的夹角为 θ_1，第 j 层的膜厚为 d_j，那么，第 j 层中电磁波在电磁 Y 方向的矢量可由 Z 方向的前向和后向波的总和表示：

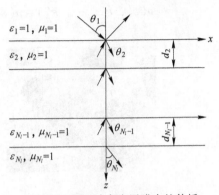

图 4-5　电磁波在多层膜中的传播

$$E_y(x,\ z) = \begin{cases} \left[A_1 e^{ik_{1z}z} + B_1 e^{-k_{1z}z} \right] e^{i(k_x x - \omega t)}, & j = 1 \\ \left[A_j e^{ik_{jz}(z - z_{j-1})} + B_j e^{-k_{jz}(z - z_{j-1})} \right] e^{i(k_x x - \omega t)}, & j = 2,\ 3,\ \cdots,\ N_l \end{cases} \qquad (4\text{-}28)$$

式中，A_j，B_j 分别为第 j 层前向和后向波的振幅；k_x，k_{jz} 分别为电磁波的平行和垂直矢量；ω 为角频率，rad/s。

根据相位匹配条件，电磁波的垂直矢量为

$$k_{jz} = \sqrt{\left(\frac{\omega}{c}\right)^2 \varepsilon_j' - k_x^2} \qquad (4\text{-}29)$$

式中，c 为真空中光的传播速度。

由麦克斯韦方程组，相邻膜层界面的边界条件得知，相邻膜层的电磁波振幅满足：

$$\begin{pmatrix} A_j \\ B_j \end{pmatrix} = \boldsymbol{P}_j \boldsymbol{D}_j^{-1} \boldsymbol{D}_{j+1} \begin{pmatrix} A_{j+1} \\ B_{j+1} \end{pmatrix},\ j = 1,\ 2,\ \cdots,\ N_{l-1} \qquad (4\text{-}30)$$

式中，$\boldsymbol{P}_j$ 为传播矩阵；$\boldsymbol{D}_j$ 为动力学矩阵。

由于

$$\boldsymbol{P}_1 = \boldsymbol{I} = \begin{pmatrix} 1 & 0 \\ 0 & 1 \end{pmatrix}$$

$$\boldsymbol{P}_j = \begin{pmatrix} e^{-ik_{jz}d_j} & 0 \\ 0 & e^{ik_{jz}d_j} \end{pmatrix},\ j = 1,\ 2,\ \cdots,\ N_l - 1 \qquad (4\text{-}31)$$

$$\boldsymbol{D}_j = \begin{pmatrix} 1 & 1 \\ \dfrac{k_{jz}}{\mu_j} & -\dfrac{k_{jz}}{\mu_j} \end{pmatrix},\ j = 1,\ 2,\ \cdots,\ N_l$$

将式（4-30）应用到整个膜层，得到

$$\begin{pmatrix} A_1 \\ B_1 \end{pmatrix} = \prod_{j=1}^{N_l-1} P_j D_j^{-1} D_{j+1} \begin{pmatrix} A_{N_l} \\ B_{N_l} \end{pmatrix} \tag{4-32}$$

大多数情况下，将传播矩阵表示为光学导纳形式，即得到 K 层膜的特征矩阵：

$$\begin{bmatrix} B \\ C \end{bmatrix} = \left\{ \prod_{j=1}^{k} \begin{bmatrix} \cos\delta_j & (i\sin\delta_j)/\eta_j \\ i\eta_j\sin\delta_j & \cos\delta_j \end{bmatrix} \right\} \begin{bmatrix} 1 \\ \eta_{k+1} \end{bmatrix} \tag{4-33}$$

特征矩阵中 δ_j 为第 j 层膜相位厚度；$\delta_j = (2\pi N_j d\cos\theta_j)/\lambda$，$N_j$ 为第 j 层膜的复折射率；d_j 为第 j 层膜几何厚度；θ_j 为第 j 层膜的折射角；λ 为波长；η_j 为第 j 层膜的光学导纳，$\eta_j = N_j$；η_{k+1} 为基底的光学导纳，$\eta_{k+1} = N_{k+1}$。

设由 K 层膜构成的膜系组合光学导纳为

$$Y = \frac{C}{B} \tag{4-34}$$

膜系的振幅反射系数为

$$r = \frac{\eta_0 - Y}{\eta_0 + Y} \tag{4-35}$$

式中，η_0 为入射介质的光学导纳，$\eta_0 = N_0$，则该 K 层膜系的反射率和透过率分别为

$$R = rr^* = \left(\frac{\eta_0 - Y}{\eta_0 + Y}\right)\left(\frac{\eta_0 - Y}{\eta_0 + Y}\right)^* \tag{4-36}$$

$$T = \frac{4\eta_0 \text{Re}(\eta_{k+1})}{(\eta_0 B + C)(\eta_0 B + C)^*} \tag{4-37}$$

通过对上述理论的分析，有效介质理论能够实现对复合吸收膜层介电函数的计算，传播矩阵理论可实现对多膜系结构的涂层反射率和透过率的求解，为涂层光谱发射率模型的建立奠定了理论基础。

4.3.3 太阳能吸热材料发射率模型

对于磁控溅射制备的太阳能选择性吸收涂层，其金属反射膜虽然很薄，一般厚度接近 100nm，但由于金属具有很高的电导率，辐射穿透金属表面的深度十分有限。所以，金属反射膜可以看成是金属块材，对入射到涂层的辐射而言是非透明的。

对于金属块材，入射到金属表面的辐射穿透深度是指电磁波振幅衰减至原振幅 1/e 时电磁波在金属中的传播距离，穿透深度的表达式为

$$\delta = \sqrt{\frac{2}{\omega\mu\sigma}} \tag{4-38}$$

式中, ω 为角频率, rad/s; μ 为磁导率, H/m; σ 为电导率, S/m。

　　电磁波的穿透深度与金属的电导率和磁导率成反比, 对于大部分金属而言, 它们都具有很高的电导率, 穿透深度比较小, 所以, 将厚度远超过穿透深度的金属膜视为非透明的。

　　图 4-6 给出了银、铜、金、铝和钼的可见光和红外光谱区穿透深度。随着波长的增加, 电磁波在金属中的穿透深度均呈现不同程度的增加, 其中, 金属银的电导率最大, 20μm 电磁波的穿透深度仅为 7.5nm 左右, 金属钼的电导率最小, 穿透深度最大, 但波长为 20μm 的电磁波穿透深度也在 16nm 以内。鉴于上述电磁波在金属中穿透深度的分析。贵金属银具有非常高的电导率, 是理想的反射材料, 但价格过于昂贵。太阳能选择性吸收涂层中金属反射膜的厚度普遍在 100nm 左右, 所以常用于制备太阳能选择性吸收涂层反射膜的金属材料主要有铝和钼。

　　当辐射垂直入射到金属表面, 入射角 $\theta = 0$, 菲涅尔反射方程可简化为

$$\rho(\lambda) = \frac{[n(\lambda) - 1]^2 + k(\lambda)^2}{[n(\lambda) + 1]^2 + k(\lambda)^2} \tag{4-39}$$

　　根据光学手册中铝和钼的光学常数, 选取 0.4~10μm 光谱内部分波长的折射率和消光系数, 将两种金属光学常数 n 和 k 代入式 (4-39), 计算的光谱反射率如图 4-7 所示。从光谱反射率的计算结果可以看出: 波长小于 2μm, 反射率随波长的增加而增加; 波长大于 2μm, 金属铝和钼的反射率随波长变化的趋势不明显, 反射率值均在 0.95 以上。

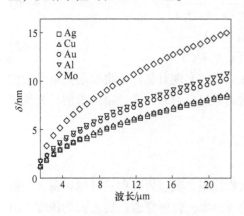
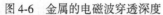

图 4-6　金属的电磁波穿透深度

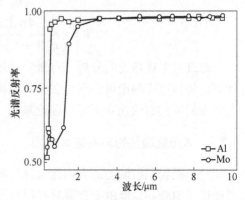

图 4-7　铝和钼的光谱反射率

　　对于多层薄膜组成的太阳能选择性吸收涂层, 虽然在穿透深度内, 金属膜对短波辐射存在一定的吸收作用, 但由于涂层中金属-陶瓷吸收层已经吸收了绝大部分短波辐射能量, 金属膜的短波辐射吸收作用对涂层辐射光谱特性的影响十分微小, 基本不会改变涂层发射率的光谱变化趋势。在涂层制备过程中, 溅射的金

属反射膜厚度远大于电磁波穿透深度，金属反射层的透过率为0，可视为涂层膜系的基底。

4.3.3.1　吸收膜光学常数与金属掺杂体积数的依赖关系

金属-陶瓷复合吸收膜的复折射率是决定太阳能选择性吸收涂层光谱选择性吸收性能的关键参数。经大量研究表明，双层膜结构的选择性吸收作用优于多层金属渐变膜结构。双层吸收膜通常由高、低金属掺杂体积数的多层复合膜构成，金属掺杂体积数影响吸收膜光学常数中的折射率 n 和消光系数 k，进而决定吸收膜的复折射率：

$$N = n + ik \tag{4-40}$$

在复合吸收膜的实际制备中，通过改变金属膜和陶瓷膜的厚度，调节高掺杂层（HMVF）和低掺杂层（LMVF）金属掺杂体积数，改变金属膜与陶瓷膜的周期数控制吸收层的总厚度。图4-8给出了典型的 Mo-SiO$_2$ 金属-陶瓷复合吸收结构，若 h_{Ls} = 10nm，h_{Lm} = 2nm，周期数 n_L = 4；h_{Hs} = 7.5nm，h_{Hm} = 7.5nm，周期数 n_H

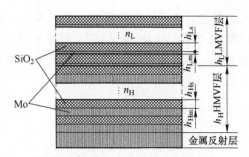

图4-8　Mo-SiO$_2$ 的双层复合吸收结构

=4，则 LMVF 层的金属掺杂体积数 f_L = 16.7%，厚度 h_L = 48nm；HMVF 层的金属掺杂体积数 f_H = 50%，厚度 h_H = 60nm。

根据有效介质理论，LMVF 和 HMVF 层分别可视为 Mo 和 SiO$_2$ 组成的等效介质层，由于金属掺杂体积数不同，LMVF 和 HMVF 层的复介电函数分别满足 MG 和 BR 公式，即 LMVF 和 HMVF 层的复介电函数 ε_L 和 ε_H 分别满足如下等式：

$$\frac{\varepsilon_L' - \varepsilon_s'}{\varepsilon_L' + 2\varepsilon_s'} = f_L \frac{\varepsilon_m' - \varepsilon_s'}{\varepsilon_m' + 2\varepsilon_s'} \tag{4-41}$$

$$f_H \frac{\varepsilon_m' - \varepsilon_H'}{\varepsilon_m' + 2\varepsilon_H'} + (1 - f_H)\left(\frac{\varepsilon_s' - \varepsilon_H'}{\varepsilon_s' + 2\varepsilon_H'}\right) = 0 \tag{4-42}$$

式中，ε_m' 为金属 Mo 的复介电函数；ε_s' 为介质 SiO$_2$ 的复介电函数；f_L 为 LMVF 中金属 Mo 的体积数；f_H 为 HMVF 中金属 SiO$_2$ 的体积数。

查阅光学手册，得到 0.4~10μm 光谱范围内的 SiO$_2$ 折射率 n 和消光系数 k，根据复折射率与复介电函数的关系 $N^2 = \varepsilon'$，计算复介电函数的实部 $\mathrm{Re}(\varepsilon') = n^2 - k^2$，虚部 $\mathrm{Im}(\varepsilon') = 2nk$，由 Mo 和 SiO$_2$ 的光学常数计算出的复介电函数实部（Real part）和虚部（Imaginary part）分别如图4-9和图4-10所示。

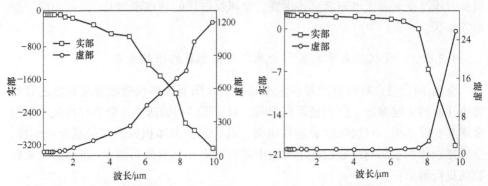

图 4-9　Mo 复介电函数的实部和虚部　　　　图 4-10　SiO$_2$复介电函数的实部和虚部

当金属掺杂体积数较小，应采用 MG 理论公式计算等效介质的复介电函数。根据式（4-42），由 Mo 和 SiO$_2$ 的复介电函数计算出体积数 0.05~0.25 的 Mo-SiO$_2$ 的 LMVF 层有效介电函数，其复介电函数的实部和虚部分别如图 4-11 和图 4-12 所示。

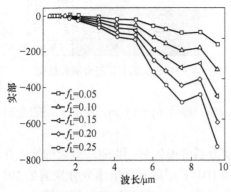
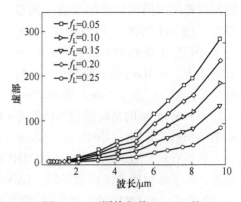

图 4-11　不同体积数 Mo-SiO$_2$的　　　　　图 4-12　不同体积数 Mo-SiO$_2$的
LMVF 层有效介电函数实部　　　　　　　　LMVF 层有效介电函数虚部

在金属掺杂体积数与基体体积数相当时，应采用 BR 理论公式计算等效介质的复介电函数。根据式（4-43），由 Mo 和 SiO$_2$ 的复介电函数计算出体积数 0.4~0.6 的 Mo-SiO$_2$ 的 HMVF 层有效介电函数，其复介电函数的实部和虚部分别如图 4-13 和图 4-14 所示。

材料的光学常数 n，k 与复介电函数实部与虚部之间存在如下关系：

$$n = \sqrt{\frac{\varepsilon' + \sqrt{(\varepsilon')^2 + (\varepsilon'')^2}}{2}} \tag{4-43}$$

$$k = \sqrt{\frac{-\varepsilon' + \sqrt{(\varepsilon')^2 + (\varepsilon'')^2}}{2}} \tag{4-44}$$

将 LMVF 和 HMVF 层的复介电函数实部和虚部分别代入式（4-43）和式（4-44）中,得到 LMVF 和 HMVF 层的光学常数,分别如图 4-15 和图 4-16 所示。

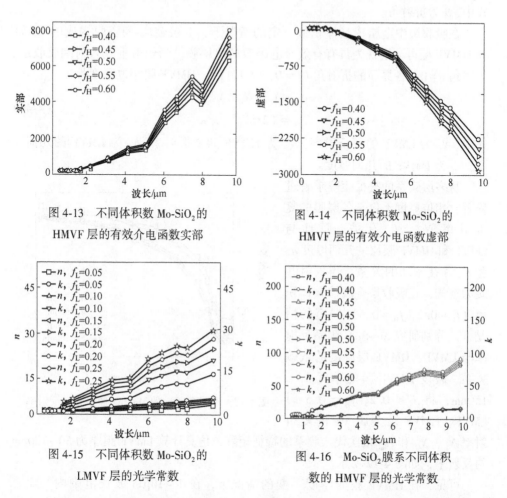

图 4-13　不同体积数 Mo-SiO₂的　　　　图 4-14　不同体积数 Mo-SiO₂的
　　　HMVF 层的有效介电函数实部　　　　　　　HMVF 层的有效介电函数虚部

图 4-15　不同体积数 Mo-SiO₂的　　　　图 4-16　Mo-SiO₂膜系不同体积
　　　LMVF 层的光学常数　　　　　　　　　　数的 HMVF 层的光学常数

通过对 Mo-SiO₂ 复合膜中金属掺杂体积数的分析,对于 LMVF 层,折射率和消光系数随着体积数的增加而变大,而且随着波长的增加,折射率增加的幅度更为明显。对于 HMVF 层,折射率也是随着体积数的增加而增加,但消光系数随体积数的增加变化不大,折射率的增加幅度与波长依赖关系不明显。

4.3.3.2　吸收膜厚度与膜系反射率的依赖关系

由多层膜系的特征矩阵可见,除膜材料的复折射率外,每层膜的相位厚度是影响膜系反射率的又一重要参数。根据薄膜光学,薄膜对于波长 λ 的入射辐射相位厚度为

$$\delta = \frac{2\pi Nh\cos\theta}{\lambda} \tag{4-45}$$

式中，θ 为折射角。

在吸收层中金属掺杂体积数一定的情况下，多层金属-陶瓷膜构成的 LMVF 和 HMVF 层可分别视为具有有效介电函数的单层膜。当辐射垂直入射到吸收层，入射角 $\theta = 0$，各界面的折射角 $\theta_j = 0$，则 LMVF、HMVF 膜相位厚度为

$$\delta_{\mathrm{L}} = (2\pi N_{\mathrm{L}} h_{\mathrm{L}})/\lambda$$
$$\delta_{\mathrm{H}} = (2\pi N_{\mathrm{H}} h_{\mathrm{H}})/\lambda \tag{4-46}$$

式中，N_{L} 为 LMVF 的复折射率；N_{H} 为 HMVF 的复折射率；h_{L} 为 LMVF 的几何厚度；h_{H} 为 HMVF 的几何厚度。

从多层膜系的特征矩阵求解过程看，相位厚度不仅与各层膜的复折射率 N_{L}、N_{H} 有关，而且与 LMVF 和 HMVF 膜层的几何厚度 h_{L} 和 h_{H} 存在密切的关系。当入射介质为空气，在吸收层金属掺杂体积数（$f_{\mathrm{L}} = 0.2$，$f_{\mathrm{H}} = 0.5$）一定的情况下，分别研究 Mo-SiO$_2$ 膜系反射率与 LMVF、HMVF 层厚度的依赖关系。假设 HMVF 膜的厚度 $h_{\mathrm{H}} = 150\mathrm{nm}$，将 $f_{\mathrm{L}} = 0.2$，$f_{\mathrm{H}} = 0.5$ 时 LMVF、HMVF 及金属 Mo 的复折

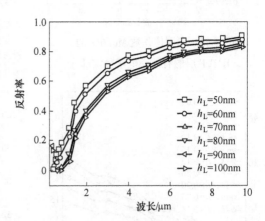

图 4-17　不同厚度 h_{L} 的 Mo-SiO$_2$ 膜系光谱反射率

射率 N_{L}、N_{H} 和 N_{m} 依次代入膜系的特征矩阵，仿真计算 LMVF 膜厚为 50~100nm 的反射率，如图 4-17 所示。

可见，在 HMVF 膜的厚度不变的情况下，在 1~10μm 波长范围内，随着 LMVF 厚度 h_{L} 的增加，膜系的反射率逐渐减小，而且随着波长的增加，反射率增加的幅度逐渐减弱；在 0.4~0.9μm 波长范围内，h_{L} 由 50nm 增加至 60nm 过程中，反射率逐渐增加，而当厚度超过 60nm 后，短波范围的发射率开始逐渐减小，反射率曲线出现波动。

如图 4-18 所示，在可见光谱范围内，随着厚度 h_{L} 的增加，反射率的波谷波长开始向长波移动。反射率最小值的波长 λ_{p} 与厚度 h_{L} 呈现出线性依赖关系，如图 4-19 所示。

假设 LMVF 膜的厚度 $n_{\mathrm{L}} = 70\mathrm{nm}$，由 $f_{\mathrm{L}} = 0.2$，$f_{\mathrm{H}} = 0.5$ 时 LMVF、HMVF 及金属钼膜的复折射率 N_{L}、N_{H} 和 N_{m} 代入膜系的特征矩阵，仿真计算出 HMVF 膜厚为 120~200nm 时的反射率，如图 4-20 所示。

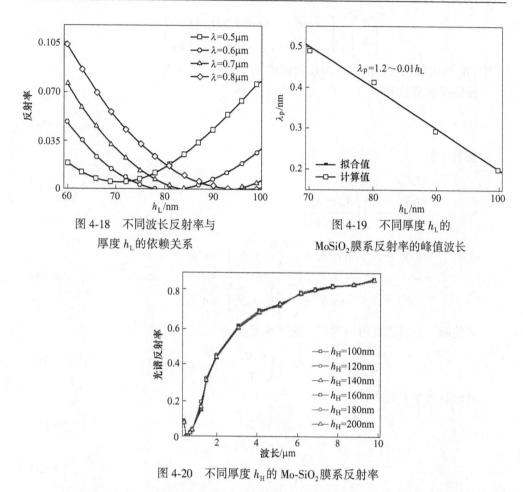

图 4-18　不同波长反射率与
厚度 h_L 的依赖关系

图 4-19　不同厚度 h_L 的
$MoSiO_2$ 膜系反射率的峰值波长

图 4-20　不同厚度 h_H 的 Mo-SiO$_2$ 膜系反射率

可见，在 LMVF 膜的厚度 h_L 不变的情况下，随着 HMVF 厚度 h_H 的增加，膜系的反射率整体变化趋势不明显。

4.3.3.3 减反射膜的减反射特性分析

图 4-21 所示为最简单的单层减反射膜结构，反射膜与吸收层中低掺杂层中的 LMVF 膜的等效光学导纳为

$$Y_r = \frac{C_r}{B_r} \qquad (4-47)$$

式中，B_r，C_r 分别为反射膜与 LMVF 膜组成膜系的特征矩阵参数。

根据传播矩阵理论，单层膜与基体组成膜系的特征矩阵为

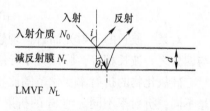

图 4-21　单层减反射膜结构示意图

$$\begin{bmatrix} B_r \\ C_r \end{bmatrix} = \begin{bmatrix} \cos\delta_r & (i\sin\delta_r)/\eta_r \\ i\eta_r\sin\delta_r & \cos\delta_r \end{bmatrix} \begin{bmatrix} 1 \\ \eta_L \end{bmatrix} \tag{4-48}$$

式中，δ_r 为膜的相位厚度；η_r 为反射膜的光学导纳，$\eta_r = N_r$。

振幅反射系数为

$$r_r = \frac{N_0 - Y}{N_0 + Y} \tag{4-49}$$

反射率为

$$\begin{aligned} R_r &= r_r r_r^* \\ &= \left(\frac{N_0 - Y_r}{N_0 + Y_r}\right)\left(\frac{N_0 - Y_r}{N_0 + Y_r}\right)^* \\ &= \frac{(N_0 - N_s)^2 \cos^2\delta_r + \left(\dfrac{N_0 N_s}{N_r} - N_r\right)^2 \sin^2\delta_r}{(N_0 + N_s)^2 \cos^2\delta_r + \left(\dfrac{N_0 N_s}{N_r} + N_r\right)^2 \sin^2\delta_r} \end{aligned} \tag{4-50}$$

若使减反射膜的反射率为零，则需满足：

$$(\eta_0 - \eta_s)^2 \cos^2\delta + \left(\frac{\eta_0 \eta_s}{\eta} - \eta\right)^2 \sin^2\delta = 0 \tag{4-51}$$

并同时满足下列条件：

$$\delta_r = \frac{\pi}{2} \tag{4-52}$$

$$\frac{N_0 N_s}{N_r} - N_r = 0 \tag{4-53}$$

当入射光与膜表面垂直，即 $\theta = 0$，则光学导纳为 η 的减反射膜对参考波长为 λ_0 的入射光的零反射条件为

$$\begin{cases} N_r d = \dfrac{\lambda_0}{4} \\ N_r = \sqrt{N_0 N_s} \end{cases} \tag{4-54}$$

对某一波长的入射光而言，理想减反射膜需要满足的条件是膜层的光学厚度与四分之一波长相等，膜层光学导纳等于入射层和基体光学导纳乘积的平方根。

硅氧化物的折射率变化范围比较大，是理想的减反射膜材料。氧化物中氧含量不同，折射率不同。纯 Si 的折射率大约为 3.69，SiO_x 随着氧含量的增加，折射率随之减小，SiO_2 的折射率可减小至 1.45。

Mo-SiO_2 涂层的减反射膜普遍由不同折射率的多层 SiO_x 膜构成，如图 4-22 所示，其中各层膜的相位厚度等于四分之一波长，各层膜的厚度 $d_k = \lambda_k/(4N_k)$。

因SiO_x的消光系数一般小于10^{-4}，可近似为透明材料，忽略其对辐射的吸收作用，认为其消光系数近似等于0，则K层SiO_x膜的复折射率$N_{r_k} = n_k$，并且各层膜的折射率n_k由入射介质n_0依次增加至LMVF膜层的折射率n_L，即$n_0 < n_1 < \cdots < n_k < n_g$。假如入射介质为空气，其折射率$n_0 = 1$，则各层膜的折射率需依次满足：$n_1 = n_L^{1/(k+1)}$，$n_2 = n_L^{2/(k+1)}$，$\cdots$，$n_k = n_L^{k/(k+1)}$。这样，在减反射膜的作用下，能够实现膜系$J$个波长下的反射率为0，减少涂层对可见光和近红外光谱范围内的太阳辐射的反射，达到减反增透的效果，提高对太阳辐射的吸收。

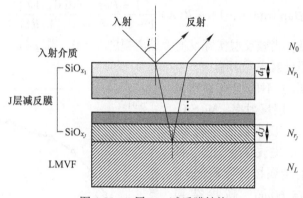

图 4-22 J 层SiO_2减反膜结构

在减反射膜的实际制备过程中，通过调节氧气进气量SiO_x膜的含氧百分比控制每层膜的折射率，调节溅射时间控制每层膜的厚度。然而，每层膜的折射率和厚度同时受到溅射过程真空度、靶温度、沉积率及电源功率等参数的影响，每层膜的折射率和光学厚度不能完全满足理想减反射膜的条件，造成多层减反射膜的实际反射率不等于0。

考虑各种不确定因素对J层减反射膜反射率的影响，定义减反层的实际反射率为

$$R_r'(\lambda) = R_r(\lambda) + \beta \text{unifrnd}(0, 1) \tag{4-55}$$

式中，β为反射率偏离幅度，即J个波长的反射率实际值与理想值的最大偏差值；unifrnd（0，1）为随机函数，生成$0 \sim 1$之间均匀分布的随机数。理想状态下，减反层的反射率$R_r(\lambda) = 0$，故减反层的实际反射率：

$$R_r'(\lambda) = \beta \text{unifrnd}(0, 1) \tag{4-56}$$

忽略各层膜对各波长辐射的吸收作用，K层膜构成的减反层透射率：

$$T_r'(\lambda) = 1 - R_r'(\lambda) \tag{4-57}$$

对于具有J层SiO_x减反膜的$Mo\text{-}SiO_2$涂层，当辐射由空气介质入射到涂层，一小部分被减反层直接反射，其余部分能量经减反层投射后被金属-陶瓷吸收层反射，反射的这部分辐射经减反层进入空气介质时，其中大部分直接透射，很少

一部分辐射又被反射回到吸收层，在减反层与空气和减反层与 LMVF 层两个交界面间形成多次反射，则具有 K 层减反膜的涂层实际反射率为

$$\rho(\lambda) = R'_r(\lambda) + T'_r(\lambda)R(\lambda)T'_r(\lambda) + R(\lambda)T'(\lambda)_r T'(\lambda)_r R'_r(\lambda)R(\lambda) +$$
$$R(\lambda)T'_r(\lambda)T'_r(\lambda)(R'_r(\lambda)R(\lambda))^2 + \cdots +$$
$$R(\lambda)T'(\lambda)_r T'_r(\lambda)(R'_r(\lambda)R(\lambda))^n$$
$$= R'_r(\lambda) + T'_r(\lambda)R(\lambda)T'_r(\lambda)\frac{1}{1 - R'_r(\lambda)R(\lambda)}$$
$$= \beta \text{unifrnd}(0, 1) + R(\lambda)\frac{[1 - \beta \text{unifrnd}(0, 1)]^2}{1 - \beta \text{unifrnd}(0, 1)R(\lambda)} \qquad (4\text{-}58)$$

从上式可见，当减反层实际反射率偏离幅度 $\beta = 0$，则 $\rho(\lambda) = R(\lambda)$，即理想减反层对涂层反射率无影响。

图 4-23 给出了不同偏离幅度减反层的 Mo-SiO$_2$ 涂层反射率，Mo-SiO$_2$ 涂层的参数如下：反射层为金属 Mo 膜，厚度远大于电磁波穿透深度，低掺杂层 LMVF 的金属掺杂体积数 $f_L =$ 0.2，厚度 $h_L = 60\text{nm}$，高掺杂层 HMVF 的金属掺杂体积数 $f_H = 0.5$，厚度 $h_H = 150\text{nm}$。

通过具有不同偏离程度减反层与无减反层的 Mo-SiO$_2$ 涂层反射率的对比发现，减反层的实际反射率与理想反射率之间一定程度的偏离对 Mo-

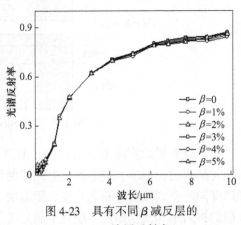

图 4-23　具有不同 β 减反层的
Mo-SiO$_2$ 涂层反射率

SiO$_2$ 涂层的反射率影响不大，特别是在 $2 \sim 5\mu\text{m}$ 范围内，不同偏离程度减反层 Mo-SiO$_2$ 涂层的反射率变化很小，而且与无减反层的 Mo-SiO$_2$ 发射率几乎一致。

4.3.3.4　金属-陶瓷涂层的发射率模型

根据能量守恒，入射到非透明材料的表面的辐射功率 $P_1(\lambda)$ 等于材料吸收的功率 $P_\alpha(\lambda)$ 与反射的功率 $P_r(\lambda)$ 之和，材料的反射率 $\rho(\lambda)$ 与吸收率 $\alpha(\lambda)$ 之和等于 1。根据基尔霍夫定律，在涂层表面温度稳定状态下，涂层对环境辐射的吸收量应等于其向外界辐射的能量，表现为涂层对辐射的吸收率 $\alpha(\lambda)$ 与发射率 $\varepsilon(\lambda)$ 相等。综合上述两条定律，得到发射率模型推导的基础公式：

$$\rho(\lambda) + \alpha(\lambda) = 1 \qquad (4\text{-}59)$$
$$\alpha(\lambda) = 1 - \rho(\lambda) \qquad (4\text{-}60)$$
$$\varepsilon(\lambda) = \alpha(\lambda) \qquad (4\text{-}61)$$

$$\varepsilon(\lambda) = 1 - \rho(\lambda) \tag{4-62}$$

由式（4-62）可见，发射率与反射率之间存在着十分简单的数学关系，研究涂层发射率模型的关键是对膜系反射率的推导。

对于多膜结构的金属-陶瓷选择性吸收涂层来说，它是一种由金属膜、金属-陶瓷吸收膜和减反膜组成的多层膜系材料。减反膜仅起到增加入射、减少反射的作用，对涂层反射率影响不大，在计算反射率过程中不予考虑；金属膜的厚度通常远大于电磁波在金属介质中的穿透深度，金属的膜厚不会影响膜系的反射性质，而金属材料的光学常数却是决定涂层反射率变化的关键参数。金属-陶瓷吸收膜在涂层对辐射的选择性吸收过程中起到重要作用，高、低金属掺杂层的金属体积数及厚度是决定涂层反射率光谱选择性的关键参数。所以，决定金属-陶瓷多层膜系结构涂层反射率的参数有金属膜的金属光学参数、吸收膜的高、低金属掺杂体积数及膜厚。

如图 4-24 所示，可通过膜材料光学常数及结构参数推导组成膜系的反射率，进而得到涂层发射率模型的过程。具体推导方法如下：由复折射率-介电函数关系式求解出金属和陶瓷材料的介电函数，金属和陶瓷材料的光学常数，由有效介质理论的 MG 和 Br 公式分别计算出 LMVF、HMVF 层有效介电函数，再由介电函数-复折射率关系式分别转换成 LMVF、HMVF 层光学常数（高低金属掺杂体积数），与 LMVF 和 HMVF 的各自厚度及金属材料光学常数代入膜系的传播矩阵，计算光学导纳的特征矩阵，根据入射介质的光学常数，求解出膜系的振幅反射系数和反射率，最后得到涂层的发射率。

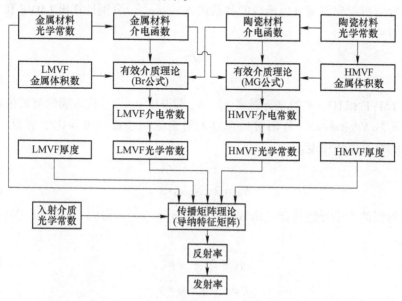

图 4-24　金属-陶瓷涂层发射率模型推导方法

典型的金属-陶瓷太阳能选择性吸收涂层是由四层膜构成的多层膜系结构。在不考虑色散的情况下，膜系的材料光学常数包含：金属的折射率、消光系数分别为 n_m 和 k_m，陶瓷的折射率、消光系数分别为 n_s 和 k_s。膜结构参数包含：LMVF 的金属掺杂体积数为 f_L、厚度为 h_L，HMVF 的金属掺杂体积数为 f_H、厚度为 h_H。

首先，根据复介电函数与复折射率的关系式 $\varepsilon' = N^2$，得到金属和陶瓷的复介电函数：

$$\varepsilon'_m = (N'_m)^2 = (n_m + ik_m)^2 = n_m^2 - k_m^2 + i(2n_mk_m)$$
$$\varepsilon'_s = (N'_s)^2 = (n_s + ik_s)^2 = n_s^2 - k_s^2 + i(2n_sk_s) \tag{4-63}$$

将金属和陶瓷材料的复介电函数及金属掺杂体积数 f_L 代入 MG 公式 (4-42)，得到 LMVF 的有效介电函数 ε'_L

$$\varepsilon'_L = \frac{\varepsilon'_s(L + 2f_L)}{L - f_L} \tag{4-64}$$

式中，L 为与 f_L 无关，$L = (\varepsilon'_m + 2\varepsilon'_s)/(\varepsilon'_m - \varepsilon'_s)$。

同理，将金属和陶瓷的复介电函数 $\varepsilon'_m(\lambda)$、$\varepsilon'_s(\lambda)$ 及金属掺杂体积数为 f_H 代入 Br 公式 (4-26)，得到 HMVF 的有效介电函数：

$$\varepsilon'_H = \frac{Hf_H - \sqrt{(1 - Hf_H)^2 - 8\varepsilon'_m\varepsilon'_s} - 1}{4} \tag{4-65}$$

式中，H 为与 f_H 无关，$H = (\varepsilon'_s - 3\varepsilon'_m)/(\varepsilon'_m + 2\varepsilon'_s)$。

根据复折射率与复介电函数的关系式 $N = \sqrt{\varepsilon'}$，分别计算出 LMVF 和 HMVF 的复折射率：

$$N_L = \sqrt{\varepsilon'_L} \tag{4-66}$$

$$N_H = \sqrt{\varepsilon'_H} \tag{4-67}$$

将 LMVF 和 HMVF 的复折射率 N_L、N_H 和厚度 h_L、h_H 代入膜的有效位相厚度公式 $\delta = 2\pi Nd\cos\theta/\lambda$，若辐射是垂直入射到涂层表面（$\theta = 0$），得到 LMVF、HMVF 的有效位相厚度：

$$\delta_L = 2\pi N_Lh_L/\lambda \tag{4-68}$$

$$\delta_H = 2\pi N_Hh_H/\lambda \tag{4-69}$$

由薄膜的光学导纳与介电函数的关系式 $\eta = \sqrt{\varepsilon'}$，得到 LMVF 和 HMVF 的光学导纳：

$$\eta_L = N_L = \sqrt{\varepsilon'_L} \tag{4-70}$$

$$\eta_H = N_H = \sqrt{\varepsilon'_H} \tag{4-71}$$

作为基底的金属膜的光学导纳为

$$\eta_{\mathrm{m}} = \sqrt{\varepsilon_{\mathrm{m}}'} = N_{\mathrm{m}} \tag{4-72}$$

最后将上述 5 个参量 δ_{L}、δ_{H}、η_{L}、η_{H}、η_{m} 代入多层膜传播矩阵的光学导纳特征矩阵表达式（4-73），得到膜系（$K=2$）的特征矩阵，解得

$$\begin{bmatrix} B \\ C \end{bmatrix} = \left\{ \begin{bmatrix} \cos\delta_{\mathrm{L}} & (i\sin\delta_{\mathrm{L}})/N_{\mathrm{L}} \\ iN_{\mathrm{L}}\sin\delta_{\mathrm{L}} & \cos\delta_{\mathrm{L}} \end{bmatrix} \begin{bmatrix} \cos\delta_{\mathrm{H}} & (i\sin\delta_{\mathrm{H}})/N_{\mathrm{H}} \\ iN_{\mathrm{H}}\sin\delta_{\mathrm{H}} & \cos\delta_{\mathrm{H}} \end{bmatrix} \right\} \begin{bmatrix} 1 \\ N_{\mathrm{m}} \end{bmatrix} \tag{4-73}$$

$$B = \cos\delta_{\mathrm{L}}\cos\delta_{\mathrm{H}} - \frac{N_{\mathrm{H}}}{N_{\mathrm{L}}}(\sin\delta_{\mathrm{L}}\sin\delta_{\mathrm{H}}) + iN_{\mathrm{m}}\left(\frac{\cos\delta_{\mathrm{L}}\sin\delta_{\mathrm{H}}}{N_{\mathrm{H}}} + \frac{\sin\delta_{\mathrm{H}}\cos\delta_{\mathrm{L}}}{N_{\mathrm{L}}}\right)$$

$$C = \cos\delta_{\mathrm{L}}\cos\delta_{\mathrm{H}} - \frac{N_{\mathrm{L}}}{N_{\mathrm{H}}}(\sin\delta_{\mathrm{L}}\sin\delta_{\mathrm{H}}) + iN_{\mathrm{m}}(\cos\delta_{\mathrm{L}}\sin\delta_{\mathrm{H}}N_{\mathrm{H}} + \sin\delta_{\mathrm{H}}\cos\delta_{\mathrm{L}}N_{\mathrm{L}})$$

$$\tag{4-74}$$

则得到膜系的振幅反射系数：

$$r_{\mathrm{ms}} = \frac{N_0 B - C}{N_0 B + C} \tag{4-75}$$

式中，N_0 为入射介质的复折射率。

若入射介质为空气，$N_0 = 1$，则膜系的振幅反射系数：

$$r_{\mathrm{ms}} = \frac{B - C}{B + C} \tag{4-76}$$

那么由 LMVF、HMVF 和金属膜构成的膜系反射率：

$$R = r_{\mathrm{ms}}r_{\mathrm{ms}}^* = \left(\frac{B-C}{B+C}\right)\left(\frac{B-C}{B+C}\right)^* \tag{4-77}$$

当减反层实际反射率偏离幅度 $\beta = 0$，则 $\rho = R$，则涂层的反射率为

$$\rho = R = r_{\mathrm{ms}}r_{\mathrm{ms}}^* = \left(\frac{B-C}{B+C}\right)\left(\frac{B-C}{B+C}\right)^* \tag{4-78}$$

由发射率与反射率的关系式（4-62），最后得到涂层的发射率：

$$\varepsilon = 1 - \rho = 1 - \left(\frac{B-C}{B+C}\right)\left(\frac{B-C}{B+C}\right)^* = \frac{4\mathrm{Re}(BC^* - \eta_{\mathrm{m}})}{(B+C)(B+C)^*} \tag{4-79}$$

针对金属-陶瓷多层膜结构的太阳能选择性吸收涂层，认为膜系中材料的复折射率以及膜系结构参数 f_{L}、f_{H}、h_{L}、h_{H} 对温度不敏感，随温度改变其复折射率变化十分微小。涂层的实际发射率不仅与涂层温度、涂层组分和内部结构有关，而且与涂层表面的粗糙度有很大的关系。

综上，对于任意金属-陶瓷双吸收层的多膜结构太阳能选择性涂层，在不考虑涂层表面粗糙的情况下，当金属和陶瓷材料波长 λ 的复折射率分别为 $N_{\mathrm{m}\lambda}$、$N_{\mathrm{s}\lambda}$，任意高、低掺杂吸收层的金属掺杂体积数（f_{L}、f_{H}）和厚度（h_{L}、h_{H}）时

的涂层光谱发射率模型 $\varepsilon(\lambda) = F_\lambda(f_\mathrm{L}, f_\mathrm{H}, h_\mathrm{L}, h_\mathrm{H})$ 的数学表达式为

$$
\begin{cases}
\varepsilon(\lambda) = \dfrac{4\mathrm{Re}(B_\lambda C_\lambda^* - N_{\mathrm{m}\lambda})}{(B_\lambda + C_\lambda)(B_\lambda + C_\lambda)^*} \\[3mm]
B_\lambda = \cos\delta_{\mathrm{L}\lambda}\cos\delta_{\mathrm{H}\lambda} - \dfrac{N_{\mathrm{H}\lambda}}{N_{\mathrm{L}\lambda}}(\sin\delta_{\mathrm{L}\lambda}\sin\delta_{\mathrm{H}\lambda}) + iN_{\mathrm{m}\lambda}\left(\dfrac{\cos\delta_{\mathrm{L}\lambda}\sin\delta_{\mathrm{H}\lambda}}{N_{\mathrm{H}\lambda}} + \dfrac{\sin\delta_{\mathrm{H}\lambda}\cos\delta_{\mathrm{L}\lambda}}{\eta_{\mathrm{L}\lambda}}\right) \\[3mm]
C_\lambda = \cos\delta_{\mathrm{L}\lambda}\cos\delta_{\mathrm{H}\lambda} - \dfrac{N_{\mathrm{L}\lambda}}{N_{\mathrm{H}\lambda}}(\sin\delta_{\mathrm{L}\lambda}\sin\delta_{\mathrm{H}\lambda}) + iN_{\mathrm{m}\lambda}(\cos\delta_{\mathrm{L}\lambda}\sin\delta_{\mathrm{H}\lambda}N_{\mathrm{H}\lambda} + \sin\delta_{\mathrm{H}\lambda}\cos\delta_{\mathrm{L}\lambda}N_{\mathrm{L}\lambda}) \\[3mm]
\delta_{\mathrm{L}\lambda} = 2\pi N_{\mathrm{L}\lambda}h_\mathrm{L}/\lambda \\[2mm]
\delta_{\mathrm{H}\lambda} = 2\pi N_{\mathrm{H}\lambda}h_\mathrm{H}/\lambda \\[2mm]
N_{\mathrm{L}\lambda} = \sqrt{\dfrac{(N_{\mathrm{s}\lambda})^2(L_\lambda + 2f_\mathrm{L})}{L_\lambda - f_\mathrm{L}}}, \ L_\lambda = (N_{\mathrm{m}\lambda}^2 + 2N_{\mathrm{s}\lambda}^2)/(N_{\mathrm{m}\lambda}^2 - N_{\mathrm{s}\lambda}^2) \\[3mm]
N_{\mathrm{H}\lambda} = \sqrt{\dfrac{H_\lambda f_\mathrm{H} - \sqrt{(1 - H_\lambda f_\mathrm{H})^2 - 8N_{\mathrm{m}\lambda}^2 N_{\mathrm{s}\lambda}^2} - 1}{4}}, \ H_\lambda = (N_{\mathrm{s}\lambda}^2 - 3N_{\mathrm{m}\lambda}'^2)/(N_{\mathrm{m}\lambda}^2 + 2N_{\mathrm{s}\lambda}^2)
\end{cases}
$$

$$(4\text{-}80)$$

4.4　涂层材料

有效的降低飞行器表面的发射率是增强其隐身性能的有效方法，也是未来蒙皮材料发展的重要方向。红外材料表面发射率理论研究可以分析其红外辐射机理，并根据基础理论筛选出适合红外低发射率涂层的参数。红外低发射率涂层主要应用金属粒子的高反射率，根据基尔霍夫定律，具有高反射的材料往往具有较低的红外发射率。通过调节金属颜料的种类、尺寸参数与体积分数等，可以分析出金属颜料对红外涂层发射率的影响趋势。发现合适的理论模型、材料与参数有助于指导涂料的研究制程，对红外低发射率涂料的研究具有重要的工程价值。

目前对于红外隐身涂料的研究大多采用经典的 Mie 理论考虑悬浮于黏结剂中金属颜料的散射性质，并求解出不同条件下粒子的等效光学参数，利用 Kubelka-Munk 理论建立含金属粒子的经典辐射模型来求解出涂层的总反射率，进而求解涂层的红外发射率。

红外低发射率涂层主要由基底、颜料与黏结剂构成，涂层具体结构如图 4-25 所示。基底多为刚性材料，如铝合金、马口铁等。颜料粒子具有多种选择性，从种类分可以分为金属颜料如铜、铝、钼等；半导体颜料如二氧化钛、氧化锌等。黏结剂

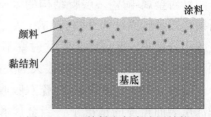

图 4-25　红外低发射率涂层结构

主要为有机高分子材料，施工前为液体，与颜料混合后具有一定的强度，可以附着于基体表面，并且固化后不容易脱落。

红外低发射率涂层中的有效单元为悬浮于黏结剂中的金属粒子，黏结剂对红外的吸收很少，可以近似认为黏结剂对于红外波段是透明的。所以在这个体系中主要考虑金属粒子对于入射电磁波的散射。当粒子的尺寸与入射电磁波处于相同的谐振区内时，粒子发生较强的散射，这种方式成为获得较强散射光的有利条件，然而存在于谐振区内的散射问题的数学求解就变得异常困难。如果粒子与入射电磁波处于相同的谐振区内，粒子发生的散射场的大小可能是数倍入射场的大小，同理，散射截面也会大于其几何截面。

根据粒子尺寸可以将其划分为 Rayleigh 散射区、谐振区以及几何光学近似区，如图4-26 所示。可以使用判定因子 $H = 2\pi r |m - 1|/\lambda$ 来指导散射理论的选择，r 为粒径，m 为光学常数，λ 为波长。当 $H < 0.3$ 时，选择 Rayleigh 理论，当 $H > 30$ 时使用衍射理论，否则均选择 Mie 理论。

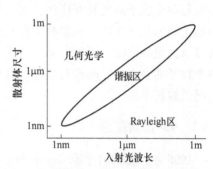

图 4-26　散射体尺寸与入射光波长的关系决定几何光学、谐振区、Rayleigh 区

历史上关于解决随机介质中的辐射传播问题曾出现过两种理论，一种为解析理论，另一种为运输理论，也称为辐射传输理论。涂层属于随机媒介，辐射能量在涂层中的传输可以被认为是随机介质中的光学问题，故可以采用 Kubelka-Munk 理论来解决该问题。而涂层中的粒子则主要考虑散射。

同种介质由于其内部的密度变化或是浓度的变化都会发生散射电磁波的散射现象，但是无论是任何原因引起的电磁波散射，其背后的物理机制都是统一的。以各向同性的圆形小颗粒为例：以其圆心为坐标的中心，受到平行于 X 轴的入射电磁波辐射，所产生的散射模型如图 4-27 所示。

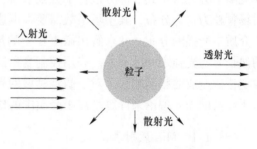

图 4-27　粒子发生散射示意图

自然界中存在的物质，无论其稳定状态是固态、液态或是气态，其内部都是由带电的自由电子、质子等微观粒子所构成。当物质受到外界辐射的电磁波时，带电的粒子会由于其内部电场的存在而导致震荡。做加速运动的带电粒子会向空间内的各个方向辐射出电磁波，这种由于粒子做加速运动而辐射出的电磁波也被称为散射电磁波，或二次电磁波。

在电场中的加速粒子运动时，快速运动的电子会将入射电磁波中的部分能量转化为其他方向散射的电磁波。除此之外，还会将部分入射的电磁波转换为其他分类的能量，如转化为热能储存在粒子中，这种能量的转化过程可以称之为吸收。通常情况下解释散射的定义时，只考虑发生散射过程中电磁波发生传播方向的变化，而忽略能量降低的过程。由于能量在发生转化的过程前后总量是不发生变化的，前后的过程中是守恒的，所以电磁波在某介质入射时，其总量应该为各方向发生的散射能量与吸收能量的总和，这个物理量被定义为消光。

在电磁波的散射理论中最简单的情形为独立散射，所谓独立散射是只考虑电磁波与单个粒子间的相互作用，而不考虑多电磁波与单个粒子间的作用或是粒子与粒子间的相互作用。在多粒子存在于同一介质中时，如果粒子与粒子间的距离可以认为足够大时，可以近似的认为电磁波与粒子间发生独立散射，单个粒子与单个粒子间存在独立的散射电场。这种近似的方法无疑是解决复杂的团簇型散射情况的解析手段。

4.4.1   Mie 散射理论

1908 年，德国科学家 Gustav Mie 在解释悬浮于水中的微小金粒子对光产生的散射与吸收现象时提出 Mie 散射理论，但当时未受到重视。随着科学技术的不断发展，科学研究的方向也逐渐从宏观领域转向微观领域，Mie 理论渐渐成为研究微观粒子的基础研究理论，并且基于经典的 Mie 理论衍生出许多基于 Mie 理论的求解方法，并在许多领域已经成功的应用。

Gustav Mie 将电磁场分解为 3 部分：球内场、入射场与散射场，并利用经典麦克斯韦方程组对其 3 部分进行了分别求解，求解的约束条件为介质中存在的散射场颗粒为均匀分布，其中场系数需要根据边界条件进行求解运算。通过计算得出介质中光强的分布，并求解出微小粒子的尺寸、光学参数（折射率等）、入射的波长等与光强之间的关系。采用控制变量法研究的同时可以总结反演出单一参数变化所造成的影响趋势，对于微观领域的光学研究存在指导性意义。本书主要基于经典的 Mie 理论来计算悬浮于介质中的球形金属粒子的光学散射特性。

4.4.1.1   Mie 散射表达式

假设一束电磁波照射在均匀的、各向同性的、半径为 r 的球形颗粒表面时，利用矢量球谐函数 M_{eln}、M_{oln}、N_{eln}、N_{oln}，可以将 Mie 散射表示为：

$$M_{eln} = \frac{-l}{\sin\theta}\sin l\varphi P_n^l(\cos\theta)z_n(\rho)e_\theta - \cos l\varphi \frac{\mathrm{d}p_n^l(\cos\theta)}{\mathrm{d}\theta}z_n(\rho)e_\varphi \tag{4-81}$$

$$M_{oln} = \frac{l}{\sin\theta}\cos l\varphi P_n^l(\cos\theta)z_n(\rho)e_\theta - \sin l\varphi \frac{\mathrm{d}p_n^l(\cos\theta)}{\mathrm{d}\theta}z_n(\rho)e_\varphi \tag{4-82}$$

$$N_{eln} = \frac{z_{n(\rho)}}{\rho}\cos \ln(n+1)\varphi p_n^l(\cos\theta)z_n(\rho)e_r +$$

$$\cos l\varphi \frac{dp_n^l(\cos\theta)}{d\theta}\frac{1}{\rho}\frac{d[\rho z_n(\rho)]}{d\rho}e_\theta - \qquad (4\text{-}83)$$

$$l\sin l\varphi \frac{p_n^l(\cos\theta)}{\sin\theta}\frac{1}{\rho}\frac{d[\rho z_n(\rho)]}{d\rho}e_\varphi$$

$$N_{oln} = \frac{z_{n(\rho)}}{\rho}\sin \ln(n+1)\varphi p_n^l(\cos\theta)z_n(\rho)e_r +$$

$$\sin l\varphi \frac{dp_n^l(\cos\theta)}{d\theta}\frac{1}{\rho}\frac{d[\rho z_n(\rho)]}{d\rho}e_\theta + \qquad (4\text{-}84)$$

$$l\cos l\varphi \frac{p_n^l(\cos\theta)}{\sin\theta}\frac{1}{\rho}\frac{d[\rho z_n(\rho)]}{d\rho}e_\varphi$$

应用上述矢量函数，散射波电场和磁场分量可以表示为

$$\begin{cases} E_s = \sum_{n=1}^{\infty} E_n(ia_n N_{eln} - b_n M_{oln}) \\ H_s = \frac{k}{\omega\mu}\sum_{n=1}^{\infty} E_n(ib_n N_{oln} + a_n M_{eln}) \end{cases} \qquad (4\text{-}85)$$

其中 $E_n = i^n E_0(2n+1)/n(n+1)$；$a_n$、$b_n$ 称为 Mie 系数。

4.4.1.2 待定参数求解

由前文可知，与球形粒子散射相关的各个物理量的解析表达式都表示为无穷级数之和的形式，但在实际的应用中，为了方便计算只取前若干位，选取位数的数量与其收敛速度相关，所以在 Mie 理论的计算中，求解 a_n 和 b_n 是求解 Mie 散射中各参数的关键。

如图 4-28 所示，一个各向同性的球形粒子，受到沿 z 轴的平面电磁波辐射，在以球形粒子半径 a 为原点构成的坐标下，将入射的单色电磁波、散射波和粒子的内部电场，用矢量球谐函数展开。

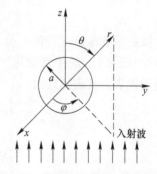

图 4-28　半径为 a 的沿 z 轴入射的平面波产生的散射

利用粒子在球形表面的电场分量 E、磁场分量 H 两者的切向分量为求解的边界条件，可以求出散射场以及内场球谐函数展开的系数，其中的系数展开可以表示为

$$\begin{cases} a_n = \dfrac{\mu_h m^2 j_n(mx)[xj_n(x)]' - \mu_p j_n(x)[mxj_n(mx)]'}{\mu_h m^2 j_n(mx)[xh_n^{(1)}(x)]' - \mu_p h_n^{(1)}(x)[mxj_n(mx)]'} \\[4mm] b_n = \dfrac{\mu_p j_n(mx)[xj_n(x)]' - \mu_h j_n(x)[mxj_n(mx)]'}{\mu_h j_n(mx)[xh_n^{(1)}(x)]' - \mu_h h_n^{(1)}(x)[mxj_n(mx)]'} \end{cases} \tag{4-86}$$

式中, n 为自然数; x 为球形粒子的尺寸参数, 表达式为: $x = 2\pi N_h a/\lambda$; m 为粒子的相对折射率 $m = \dfrac{m_1}{m_2}$, m_1 为粒子的折射率, m_2 为存在于粒子周围环境的折射率; a 为球形粒子的半径; λ 为入射光在真空中的波长; $j_n(x)$ 为球形贝塞尔函数, $h_n^{(1)}(x)$ 为第一类球形汉开尔函数。

对于非磁性散射体, 以上 a_n、b_n 的表达式退化后可以表示为

$$\begin{cases} a_n = \dfrac{m\psi_n(mx)\psi_n'(x) - \psi_n(x)\psi_n'(mx)}{m\psi_n(mx)\xi_n'(x) - \xi_n(x)\psi_n(mx)} \\[4mm] b_n = \dfrac{\psi_n(mx)\psi_n'(x) - m\psi_n(x)\psi_n'(mx)}{\psi_n(mx)\xi_n'(x) - m\xi_n(x)\psi_n'(mx)} \end{cases} \tag{4-87}$$

式中, $\psi_n(x)$ 和 $\xi_n(x)$ 是黎卡提-贝塞尔函数中的系数, 其定义可以用球形贝塞尔函数和第一类球形汉开尔函数来表示, 表达式为: $\psi_n(x) = xj_n(x)$, $\xi_n(x) = xh_n^{(1)}(x)$。在求解不同阶次的贝塞尔函数时, 可以依据存在的递推关系来对表达式进行求解, 但稳定的数值求解需要利用对贝塞尔函数的对数求导计算。将对数求导后可以将表达式表示为

$$D_n(x) = \frac{\mathrm{d}}{\mathrm{d}x}\ln\psi_n(x) \tag{4-88}$$

散射波的纵波 (径向) 分量按 $1/r^2$ 规律衰减, 而横向分量 (E_θ, E_φ, H_θ, H_φ) 则按照 $1/r$ 规律来变化, 因此在远场区域, 散射波近似为横向电磁波, 以电场为代表, 其表达式为

$$\begin{cases} E_\theta = -\dfrac{\mathrm{e}^{ikr}}{ikr}S_2(\cos\theta)\cos\varphi \\[4mm] E_\varphi = \dfrac{\mathrm{e}^{ikr}}{ikr}S_1(\cos\theta)\sin\varphi \end{cases} \tag{4-89}$$

式中, k 为入射能量在真空下的波数; θ, φ 分别为极角和方位角; 散射振幅 S_1, S_2 为

$$\begin{cases} S_1 = \displaystyle\sum_{n=1}^{\infty} \frac{2n+1}{n(n+1)}[a_n\pi_n(\mu) + b_n\tau_n(\mu)] \\[4mm] S_2 = \displaystyle\sum_{n=1}^{\infty} \frac{2n+1}{n(n+1)}[a_n\tau_n(\mu) + b_n\pi_n(\mu)] \end{cases} \tag{4-90}$$

式中，$\mu = \cos\theta$，$\pi_n(\mu) = \dfrac{\mathrm{dP}(\mu)}{\mathrm{d}\mu}$，$\tau_n(\mu) = \mu\dfrac{\mathrm{dP}_n(\mu)}{\mathrm{d}\mu} - (1 - \mu^2)\dfrac{\mathrm{d}^2\mathrm{P}_n(\mu)}{\mathrm{d}\mu^2}$，$\mathrm{P}_n(\mu)$ 为勒让德多项式。

求解单个散射粒子的前向（$\theta = 0$）和后向（$\theta = \pi$）的散射性质具有十分重要的意义。当 $\theta = 0$ 时，将 $\mu = 1$ 代入式（4-90）中得

$$S_2(\theta = 0) = S_1(\theta = 0) = S(\theta = 0) = \frac{1}{2}\sum_{n=1}^{\infty}(2n + 1)(a_n + b_n) \tag{4-91}$$

当 $\theta = \pi$ 时，将 $\mu = -1$ 代入式（4-90）中得

$$S_2(\theta = \pi) = -S_1(\theta = \pi) = \frac{1}{2}\sum_{n=1}^{\infty}(2n + 1)(-1)^n(a_n + b_n) \tag{4-92}$$

电磁波散射中的相函数用来描述散射强度位于坐标系内的空间叫分布，这对于描述已经可以确定的光学散射性质具有极其重要的意义。可以采用相函数计算粒子的前向散射率，粒子的前向散射率是求解涂层发射率中的重要参数 S 的必要条件。在入射电磁波为非极化能量时，发生散射的粒子为各向同性的球形粒子，其发生散射的强度与方位角无关，但是与散射角有关，其关系式可以表达为

$$p(\theta) = \frac{1}{C_{\mathrm{sca}}} \times \frac{\mathrm{d}C_{\mathrm{sca}}}{\mathrm{d}\Omega} = \frac{|S_1(\cos\theta)|^2 + |S_2(\cos\theta)|^2}{2k^2 C_{\mathrm{sca}}} \tag{4-93}$$

式中，Ω 表示以散射体原点为中心的空间坐标系，为了方便应用与计算，可以通过多项式进行运算与化简，表达式展开为

$$p(\theta) = \sum_{n=0}^{\infty}\omega_n\mathrm{P}_n(\cos\theta) \tag{4-94}$$

由勒让德多项式的正交性，可求导相函数，勒让德展开式系数可以表示为

$$\omega_n = \frac{2n+1}{x^2 Q_{\mathrm{ext}}}\left\{\sum_{p=1}^{\infty}\sum_{q=1}^{p}\frac{(2p+1)(2q+1)}{p(p+1)q(q+1)}\left[\frac{W_{pq}\eta_{pqn}I_{pqn} + V_{pq}v_{pqn}\mathrm{J}_{pqn}}{1+\delta_{pq}}\right]\right\} \tag{4-95}$$

式中，δ_{pq} 为克罗内克系数。当 $0 \leqslant p+q-n \leqslant 2q$ 时，$\eta_{pqn} = 1$，其他情况 $\eta_{pqn} = 0$；当 $1 \leqslant p+q-n \leqslant 2q+1$ 时，$v_{pqn} = 1$，其他情况下 $v_{pqn} = 0$。W_{pq}、V_{pq}、I_{pqn}、J_{pqn} 的表达式如下：

$$W_{pq} = \mathrm{Re}[a_p a_q^* + b_p b_q^*] \tag{4-96}$$

$$V_{pq} = \mathrm{Re}[a_p b_q^* + b_p a_q^*] \tag{4-97}$$

$$I_{pqn} = \int_{-1}^{1}[\pi_p\pi_q + \tau_p\tau_q]\mathrm{P}_n(\mu)\mathrm{d}\mu \tag{4-98}$$

$$\mathrm{J}_{pqn} = \int_{-1}^{1}[\pi_p\tau_q + \tau_p\pi_q]\mathrm{P}_n(\mu)\mathrm{d}\mu \tag{4-99}$$

式（4-98）、式（4-99）中积分已经由文献给出。当 $J = p+q-n$ 为偶数时，有

$$I_{pqn} = 0$$

$$J_{pqn} = \left[p(p+1) + q(q+1) - n(n+1) \right]^2 \cdot$$

$$\frac{(p+n-q)!\ (q+n-p)!\ (p+q-n)!}{p+q+n+1} \cdot$$

$$\left\{ \frac{\left[\dfrac{p+q+n}{2}\right]!}{\left[\dfrac{p+n-q}{2}\right]!\ \left[\dfrac{q+n-p}{2}\right]!\ \left[\dfrac{p+q-n}{2}\right]!} \right\}^2 \qquad (4\text{-}100)$$

当 J 为奇数时, 有

$$I_{pqn} = 0$$

$$J_{pqn} = \left[(p+q-n)(p+n-q+1)(q+n-p+1) \right] \cdot$$

$$\frac{(p+n-q+1)!\ (q+n-p+1)!\ (p+q-n-1)!}{(p+q+n+1)!} \cdot$$

$$\left\{ \frac{\left[\dfrac{p+q+n+1}{2}\right]!}{\left[\dfrac{p+n-q+1}{2}\right]!\ \left[\dfrac{q+n-p+1}{2}\right]!\ \left[\dfrac{p+q-n-1}{2}\right]!} \right\}^2 \qquad (4\text{-}101)$$

式 (4-98)、式 (4-99) 中 $p(\mu)$ 表示相函数。对于 Mie 散射体, 可以将相函数的表达式代入, 运用数值积分的方法求得前向散射率的值。或者应用相函数的勒让德多项式展开式, 并利用多项式的正交性质, 可将 σ_c 表示为

$$\sigma_c = \left[\int_0^1 p(\mu)\,\mathrm{d}\mu \right] \left[\int_{-1}^1 p(\mu)\,\mathrm{d}\mu \right]^{-1} = \frac{1}{2}\left[1 + \sum_{n=1}^\infty {}' g_n \omega_n / \omega_0 \right] \qquad (4\text{-}102)$$

式中, $g_n = \int_0^1 P_n(\mu)\,\mathrm{d}\mu = (-1)^{(n-1)/2} \dfrac{(n!!)^2}{n(n+1)n!}$, $\sum{}'$ 表示对奇整数项求和。

4.4.1.3 单个粒子的散射分析

当能量传输穿越均匀颗粒的介质时, 传输的能量会在任意方向发生散射, 如果用散射截面 C_s 来表示散射截面散射的能量, 单位时间内单一颗粒散射的全部能量 E_s 与入射的总光强 I_0 间的关系可以表示为

$$C_s = E_s / I_0 \qquad (4\text{-}103)$$

式中, 入射光强的单位为 W/m^2 或 W/cm^2, 所以散射截面 C_s 的量纲与面积的量纲相同。Mie 散射中为了衡量粒子散射效率的强弱, 通常使用散射系数 Q_{sca} (简称 Q_s) 来表示散射系数, Q_s 的定义为散射截面 C_s 与散射颗粒在入射光方向对应的投影面积 σ 两者间的比值, 表示为

$$Q_s = \frac{C_s}{\sigma} \qquad (4\text{-}104)$$

或表示为

$$Q_s = \frac{E_s}{I_0\sigma} \tag{4-105}$$

式中，Q_s 是一个无量纲物理量，散射系数 Q_s 为已知量，当介质的入射光总光强为 I_0 时，散射的光强为

$$E_s = Q_s I_0 \sigma \tag{4-106}$$

同理，定义一个颗粒在单位时间内吸收的总光强 E_a 与入射光强 I_0 的比值为吸收截面 C_a，同样吸收系数定义为 C_a 与 σ 的比值：

$$C_a = \frac{E_a}{I_0} \tag{4-107}$$

$$Q_a = \frac{C_a}{\sigma} \quad 或 \quad Q_a = \frac{E_a}{I_0\sigma} \tag{4-108}$$

当辐射传输穿过存在吸收微粒的介质时，由引发吸收的微粒造成的散射与衰减共称为消光。同样，消光截面 C_{ext}（简称 C_e）和消光系数 Q_{ext}（简称 Q_e）分别定义为

$$C_e = \frac{C_a}{\sigma} \tag{4-109}$$

$$Q_e = \frac{C_e}{\sigma} \quad 或 \quad Q_e = \frac{E_e}{\sigma I_0} \tag{4-110}$$

式中，E_e 为单位时间内颗粒的消光所引起的能量衰减，一部分是散射，另一部分为吸收。所以根据能量守恒定律得

$$C_e = C_s + C_a \tag{4-111}$$

$$Q_e = Q_s + Q_a \tag{4-112}$$

通过计算 Mie 散射的 S_1 和 S_2，将结果代入光学定理表达式 $C_{ext} = \frac{4\pi}{k^2}Re$ 中可得

$$C_{ext} = \frac{4\pi}{k^2}\text{Re}\left[S(\theta=0)\right] \tag{4-113}$$

由截面定义和散射电磁场表达式可得：当入射电磁波为平面电磁波时，球形粒子的 Q_{ext}，Q_{sca} 和 Q_{abs} 满足以下关系式：

$$Q_{ext} = \frac{4}{x^4}Re\left[S(0)\right] = \frac{2}{x^2}\sum_{n=1}^{\infty}(2n+1)Re(a_n+b_n) \tag{4-114}$$

$$Q_{sca} = \frac{2}{x^2}\sum_{n=1}^{\infty}(2n+1)(|a_n|^2+|b_n|^2) \tag{4-115}$$

4.4.2 Kubelka-Munk 理论

解析理论主要考虑能量在介质中的多次散射。从最经典的麦克斯韦方程出

发，考虑能量在介质内的散射、衍射与干涉等光学现象，其从解析数学的意义上来讲，理论是严格的。但由于其考虑多次散射与衍射等，计算过程过于复杂，造成计算量过大，并且不能得到所有的解析解。

辐射传输理论则采用分子动力学中的中子输运玻耳兹曼方程，将电磁波看作为被光子携带的载体。辐射传输理论主要研究光子的传输问题，该理论由 1903年被提出，后被逐渐完善，尽管该理论在数学严谨性方面较解析理论稍加欠缺，但是该理论可以用简单的数学方法来解释复杂的物理问题，并由于其计算的方便性，已经被成功地应用到了许多的领域。

辐射传输方程是一个复杂的积分微分方程，在平行平面的结构中，辐射传输方程退化为较简单的形式：

$$\mu \frac{\partial I(\tau, \mu)}{\partial \tau} = -I(\tau, \mu) + \frac{1}{2} \int_{-1}^{1} p(\mu, \mu') I(\tau, \mu) \mathrm{d}\mu' \qquad (4\text{-}116)$$

式中，$\tau = \int_{s} \rho C_e \mathrm{d}z$ 为涂层中的光学厚度；ρ 为粒子的数密度；C_e 为粒子的消光截面。$\mu = \cos\theta$ 代表方向角余弦。当涂层的表面积远大于厚度时，涂层可以当作平行平面结构处理。

1931 年，P. Kubelka 和 F. Munk 在讨论如胶体等浑浊媒介材料的光学特性时，提出了一种简单的二元线性方程，用来描述同时具有散射和吸收性质的媒介内部辐射传输行为。建立了最早的 Kubelka-Munk 二能流模型，该理论最初可以被用来描述材料内部发生漫反射条件下的电磁能量传输过程。

当仅存在漫射的情况下，可以认为介质中存在正方向的能流 F_+ 和负方向的能流 F_- 如图 4-29 所示，两个能流满足以下微分方程：

$$\begin{cases} \dfrac{\mathrm{d}F_+}{\mathrm{d}z} = -(K+S)F_+ + SF_- \\[2mm] \dfrac{\mathrm{d}F_-}{\mathrm{d}z} = (K+S)F_- - SF_+ \end{cases} \qquad (4\text{-}117)$$

式中，K，S 分别为媒介中的吸收系数和后向散射系数，通常情况下，K 和 S 都是指向 Z 的函数，如假设在媒介中传播的电磁波是完全漫射且各向同性，这种情况下 S 和 K 就可以看作常数，与 Z 无关。对于传播媒介为涂层时，需要考虑涂层的边界条件：

$$\begin{cases} F_+(0) = (1-R_e)F_{+e} + R_i F_-(0) \\[2mm] F_-(d) = R_g F_+(d) \end{cases} \qquad (4\text{-}118)$$

式中，R_e 表示涂层的前界面（$Z=0$ 处空气-涂层界面）的漫反射率；R_i 表示涂层的后界面（涂层-空气界面的）漫发射率，R_g 则代表 $Z=d$ 处衬底的漫反射率。

基尔霍夫定律是德国物理学家古斯塔夫·基尔霍夫于 1859 年提出的，它用于描述物体的发射率与吸收比之间的关系。

基尔霍夫定律同样可以理解为能量的守恒定律，当所研究的物体存在状态为热平衡时，其内部向外辐射出的总能量等于其从外界获取的总能量。可以表示为

$$M = \alpha E \qquad (4\text{-}119)$$

式中，M 为物体辐射的出射度；α 为吸收率；E 为物体的辐射照度。上式的另一种表达形式为

$$\frac{M}{\alpha} = E \qquad (4\text{-}120)$$

在研究热平衡状态的物体时，若物体具有较强的吸收能力，那么其具备的发射能力就一定很强。所以对于基尔霍夫定律而言，物体的吸收率越大，辐射出射度也就越大，是良好的吸收体必定是良好的发射体。

当能量照射到物体表面时，伴随的能量变化主要有反射（R）、透射（T）、吸收（A），如图 4-30 所示，基于能量守恒定律，上述三者应该满足以下关系：

$$R + T + A = 1 \qquad (4\text{-}121)$$

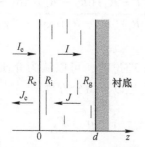

图 4-29 Kubelka-Munk 二能流理论模型

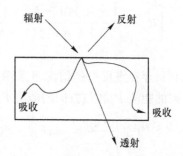

图 4-30 电磁波入射发生的能量变化

当物体的厚度大于该能量的趋肤深度时，可以认为其透过率等于 0，即 $T = 0$。根据基尔霍夫定律，物体在热平衡状态下，不同物体的辐射本领和吸收本领之比是常数，该常数与物体性质无关。所以在相同波长下，物体的吸收率等于发射率：

$$\varepsilon = 1 - R \qquad (4\text{-}122)$$

由式（4-122）可以看出，对于不透明的物体，具有较高的反射率便可以得到较低的发射率。

根据 Kubelka-Munk 二能流理论中的公式推导可以得知，涂层总的反射率由两部分构成，一部分为涂层-空气界面的反射能量，另一部分为入射涂层内部，经过多次反射后回到空气中的光强。如果将正向传播的能流用 F_+ 来表示，负向传播的能流用 F_- 来表示，则涂层的总反射率 R 可以表示为

$$R = \frac{F_{-e}}{F_{+e}} \tag{4-123}$$

$$R = R_e + \frac{(1 - R_e)(1 - R_i)R_v(1 - R_vR_g) - (1 - R_e)(R_v - R_g)\exp(-2\gamma d)}{(1 - R_iR_v)(1 - R_vR_g) - (R_v - R_i)(R_v - R_g)\exp(-2\gamma d)} \tag{4-124}$$

式中，

$$R_v = 1 + \frac{K}{S} - \left[\left(\frac{K}{S}\right)^2 + 2\left(\frac{K}{S}\right)\right]^{1/2} \tag{4-125}$$

$$\gamma = (K^2 + 2KS)^{1/2} \tag{4-126}$$

4.4.3　红外低发射率涂层发射率模型

基于基尔霍夫定律，并考虑到红外低发射率涂层为非透明材料，所以涂层的发射率 ε 可以表示为

$$\varepsilon = 1 - R \tag{4-127}$$

$$\varepsilon = 1 - \left[R_e + \frac{(1 - R_e)(1 - R_i)R_v(1 - R_vR_g) - (1 - R_e)(R_v - R_g)\exp(-2\gamma d)}{(1 - R_iR_v)(1 - R_vR_g) - (R_v - R_i)(R_v - R_g)\exp(-2\gamma d)}\right] \tag{4-128}$$

在只存在漫反射的情况下采用 Kubelka-Munk 理论时，可以认为介质中存在正方向的能流 F_+ 和负方向的能流 F_-，两个能流满足以下微分方程：

$$\begin{cases} \dfrac{\mathrm{d}F_{d+}}{\mathrm{d}z} = -\xi k F_{d+} - \xi(1 - \sigma_d)s F_{d+} + \xi(1 - \sigma_d)s F_{d-} \\ \dfrac{\mathrm{d}F_{d-}}{\mathrm{d}z} = \xi k F_{d-} + \xi(1 - \sigma_d)s F_{d-} - \xi(1 - \sigma_d)s F_{d-} \end{cases} \tag{4-129}$$

Kubelka-Munk 理论的应用条件存在限制，当入射辐射和介质中的辐射均为漫反射时，可以认为漫反射是各向同性的，即在每个反射角区域内产生的光强是一致的，所以可以求出平均路径参数 $APP = \xi = \xi^+ = \xi^- = 2$，所以在标准的应用条件下，$S$ 和 K 可以表示为

$$\begin{cases} K = 2\rho C_{abs} \\ S = 2\rho(1 - \sigma_c)C_{csa} \end{cases} \tag{4-130}$$

或可以表示为

$$\begin{cases} K = \dfrac{3f}{2a}Q_{abs} \\ S = \dfrac{3f(1 - \sigma_c)Q_{sca}}{2a} \end{cases} \tag{4-131}$$

式中，Q_{abs} 为粒子的吸收效率；Q_{sca} 为粒子的散射效率，两者都为粒子的光学散射

性质，该参数由前文的 Mie 理论计算得出。

在经典的 Kubelka-Munk 二能流理论中，R_g 是衬底的漫反射率，由衬底所选用的材料确定。而 R_e 和 R_i 则需要通过计算才能得出。考虑到红外低发射率涂层的表面是光滑的，光学粗糙度远小于入射能量的波长，所以在此条件下，菲涅尔公式完全适用，计算 $z=0$ 处的反射率即 R_e，对所有能流在半球进行积分得

$$R_e = \frac{\int_0^{2\pi} d\varphi \int_0^{\pi/2} R(\theta) \sin\alpha \cos\theta d\theta}{\int_0^{2\pi} d\varphi \int_0^{\pi/2} \sin\theta \cos\theta d\theta} \tag{4-132}$$

式中，$R(\theta)$ 为菲涅尔反射系数，其可以表示为

$$R(\theta) = \frac{1}{2} \left[\frac{\sin^2(\theta - \psi)}{\sin^2(\theta + \psi)} + \frac{\tan^2(\theta - \psi)}{\tan^2(\theta + \psi)} \right] \tag{4-133}$$

式中，θ 为入射角；ψ 为折射角；φ 为方位角。设涂层的相对折射率为 m_1，则代入斯涅尔公式 $m_1 \sin\psi = \sin\theta$，积分后得到

$$R_e = \frac{1}{2} + \frac{(m_1 - 1)(3m_1 - 1)}{6(m_1 + 1)^2} + \frac{m_1^2 (m_1 - 1)^2}{(m_1^2 + 1)^3} \ln \frac{(m_1 - 1)}{(m_1 + 1)} -$$

$$2m_1^3 \frac{m_1^2 + 2m_1 - 1}{(m_1^2 + 1)(m_1^4 - 1)} + \frac{8m_1^4(m_1^4 + 1)}{(m_1^2 + 1)(m_1^4 - 1)^2} \ln m_1 \tag{4-134}$$

在入射能量为准直时，由菲涅尔方程可知界面内外的反射率是相等的，但是在 K-M 理论中，考虑到能量入射后的漫反射情况，所以内表面与外表面的反射率并不相同，$R_e \neq R_i$。K-M 二能流理论中完全考虑漫射的条件下，能量从相对折射率为 m_1 的介质中，入射到折射率为 1 的介质中，该界面处所有入射角大于临界角 ψ 的能量均会被全反射，临界角 $\psi = \arcsin \frac{1}{m_1}$。对于这部分能流，占入射总能量的比值为

$$1 - \frac{1}{m_1^2} = \frac{\int_0^{2\pi} d\varphi_1 \int_{\arcsin(1/m_2)}^{\pi/2} \sin\theta_1 \cos\theta_1 d\theta_1}{\int_0^{2\pi} d\varphi_1 \int_0^{\pi/2} \sin\theta_1 \cos\theta_1 d\theta_1} \tag{4-135}$$

入射角在 $[0, \arcsin(1/m_1)]$ 区间内的全漫射能流，对应每个位置的入射角与折射角，即每一个 θ 与 ψ。对于该部分能流，其界面的漫反射率与菲涅尔反射率在半空间内的积分数值相等，所以前界面的内外反射率存在以下关系：

$$R_i = 1 - \frac{1 - R_e}{m_1^2} \tag{4-136}$$

4.4.4 光谱带宽发射率的计算

为了研究红外低发射率涂层在大气窗口内的区域辐射能力，将平均发射率的

求解方法引入到计算当中，$8\sim14\mu m$ 平均发射率的表达式（$3\sim5\mu m$ 同理）可以写为

$$\overline{\varepsilon} = \frac{\int_8^{14} \varepsilon M_{b\lambda} \, d\lambda}{\int_8^{14} M_{b\lambda} \, d\lambda} \tag{4-137}$$

式中，$M_{b\lambda}$ 为黑体的普朗克函数。其表达式为

$$M_{b\lambda} = C_1/\lambda^5 \left[\exp(C_2/\lambda T) - 1 \right]^{-1} \tag{4-138}$$

式中，C_1、C_2 为常数，其数值分别为：$C_1 = 3.7415 \times 10^8 (\mathrm{W \cdot m^{-2} \cdot \mu m^4})$、$C_2 = 1.43879 \times 10^4 (\mu m \cdot K)$。

在计算中，设置环境温度为 300K，求解公式可以变换为

$$\overline{\varepsilon} = \frac{\int_8^{14} \varepsilon M_{b\lambda} \, d\lambda}{\int_8^{14} M_{b\lambda} \, d\lambda} = \frac{\sum i \dfrac{\varepsilon_i + \varepsilon_i + 1}{2} \int_{\lambda_i}^{\lambda_{i+1}} M_{b\lambda} \, d\lambda}{\int_8^{14} M_{b\lambda} \, d\lambda} \tag{4-139}$$

式中，ε_i 为某点的光谱发射率。

4.5 表面形貌对发射率的影响

4.5.1 材料光谱发射率与表面形貌参数关系

光谱发射率是表征材料表面光谱辐射特性的物理量，它与材料表面的物理形貌密切相关。从对其研究方法上进行分类，分为直接计算发射率法、采用辐射光线计算反射率法和采用双向反射实验法测量反射率等。为此引入光学粗糙度的概念，光学粗糙度可记为材料表面均方根斜度 σ 与波长 λ 的比值。首先对研究的粗糙表面进行分类，当 $0<\sigma/\lambda<0.2$ 时，这一研究区域属于镜反射区域，也叫光学粗糙表面，这一区域定义的目的是应用电磁波理论解决反射问题；当 $\sigma/\lambda>1$ 时，这一区域定义为几何区域，也叫几何粗糙区域，这一区域定义的目的是采用几何反射法解决发射率与粗糙度关系；当 $0.2<\sigma/\lambda<1$ 时，叫做中间区域，这一区域介于光学粗糙表面和几何粗糙表面状态之间，一般采用双向反射率分布测量实验测量方向反射率。对于固体不透明材料，在相同方向条件下，反射率与吸收率的和等于 1。另外，根据基尔霍夫能量守恒定律，发射率等于吸收率，发射率的问题也可以通过反射率的研究得以解决。

4.5.2 光学光滑表面

对于光学光滑表面，材料表面均方根斜度 $\sigma = 0$，光谱发射率与之无关。材料的光谱发射率可由菲涅尔方程和基尔霍夫定律得出：

$$\varepsilon_\lambda = \frac{4n^2}{(n+1)^2 + \kappa^2} \tag{4-140}$$

$$\varepsilon(\lambda) = \frac{4n(\lambda)^2}{[n(\lambda)+1]^2 + \kappa(\lambda)^2} \tag{4-141}$$

式中，n 为折射系数；κ 为消光系数。

两种光学光滑表面的发射率测量或计算方法分别是通过测量 n 和 κ 两个光学参数参与计算，并采用基尔霍夫定律计算得到光谱发射率；运用 Drude 自由电子理论和菲涅尔方程，计算光谱发射率。两种方法得到的规律是，对于大多数金属表面，在红外光谱区域随波长增大，光谱发射率逐渐减小。而自由电子理论受理论本身限制，局限于存在自由电子的金属表面；只适用于金属材料且表面光滑，并且没有得到光谱发射率随波长增大而减小的趋势。Drude 自由电子理论仅仅局限于存在自由电子的金属表面，并且所得到的光谱发射率随波长变化趋势与实验结果的变化趋势相差较大。通过实验测得折射系数 n 和消光系数 κ，再通过菲涅尔方程和基尔霍夫定律得到的光谱发射率较实际测量值偏大。

4.5.3 光学粗糙表面

粗糙表面从表面均方根斜度与波长的比值大小划分为光学粗糙表面和几何粗糙表面。当 $0 < \sigma/\lambda < 1$ 时，记为光学粗糙表面，当 $1 < \sigma/\lambda$ 时，记为几何粗糙表面。就通常研究的红外光谱区域 $0.78 \sim 14\mu m$ 而言，当 $0 < \sigma/\lambda < 1$ 时，意味着材料表面没有经过抛光处理也没有较明显的几何突起。当 $1 < \sigma/\lambda$ 时，一般来说是经特殊加工的有明显规则几何形状的粗糙表面，比如刻有 V 型槽的扩展源黑体辐射表面的几何形貌。这几种情况下的发射率规律如下。

（1）镜反射区。在镜反射区域，光学粗糙度的取值范围是 $0 < \sigma/\lambda < 0.2$，材料表面的粗糙度相对于考察的波长较小。在这一光谱区域，大多数理论模型假设反射光相对入射光是镜反射，并且反射角等于入射角。1961 年 Bennett 提出了反射辐射与光学粗糙度的关系模型，该模型中假设表面高度分布呈高斯型，并验证了这一关系模型。

$$\rho_r = \rho_p \exp\left[-\left(\frac{4\pi\sigma}{\lambda}\right)^2\right] \tag{4-142}$$

式中，ρ_r 为粗糙表面的法向-半球光谱反射率；ρ_p 为光滑表面的镜光谱反射率。

方程表达了粗糙表面光谱反射率和光学粗糙度之间的函数关系，可以借助此公式测量光谱反射率或表面粗糙度。根据基尔霍夫定律，法向光谱发射率 $\varepsilon_n = 1 - \rho_r$。

（2）中间区域。当光学粗糙度 $0.2 < \sigma/\lambda < 1$ 时，需要使用双向反射分布函数（BDRF）$\rho''_\lambda(\theta_i, \theta_s)$ 描述入射辐射与散射辐射的关系。

$$\rho''_\lambda(\theta_i, \ \theta_s) = \frac{\dfrac{\pi}{\cos\theta} \times \dfrac{\mathrm{d}\varPhi_s}{\mathrm{d}\Omega_s}}{\dfrac{\mathrm{d}\varPhi_i}{\mathrm{d}\Omega_i}} \tag{4-143}$$

式中，i 为入射光；s 为散射光；θ 为光线角度；$\varPhi$ 为辐射能量流；Ω 为辐射立体角。使用电磁波散射理论或者应用估算方程对散射立体角 Ω_s 积分，可解得方向入射半球散射的反射率 $\rho'_\lambda(\theta_i)$，根据基尔霍夫定律，方向光谱发射率 $\varepsilon'_\lambda(\theta_i) = 1 - \rho'_\lambda(\theta_i)$。

$$\rho'_\lambda(\theta_i) = \frac{1}{\pi}\int_{2\pi}\rho''_\lambda(\theta_i, \ \theta_s)\cos\theta_s\mathrm{d}\Omega_s \tag{4-144}$$

（3）几何区域。在几何区域（$\sigma/\lambda>1$），光谱发射率对材料表面具体几何形状高度敏感，粗糙度对光谱发射率的影响大于波长对发射率的影响，所以散射效应忽略不计。如果表面几何形貌是确定的，那么可应用几何光学仪器预测表面发射率。

5 发射率测量技术基础

本章从黑体、加热技术、红外探测器、分光器件、信号处理、真空技术以及测控系统的开发软件等几方面研究发射率测量技术，这是一个系统工程，想要完成完整发射率测量，就必须对各部分组成和功能进行深入的了解。本章分别从每个组成部分切入，介绍了目前主要的发射率测量系统部件和关键技术。

5.1 黑体

5.1.1 面源黑体

近年来，随着红外技术的不断发展，黑体的应用范围越来越广泛，同时对黑体性能的要求也越来越高。传统的小口径腔式黑体已经满足不了红外系统对高精度、高分辨率的要求了，相对应的大口径面源黑体因为具有高精度、长寿命以及高稳定性的优势而在许多应用领域逐渐代替了腔式黑体。面源黑体的辐射特性对红外仪器和设备的校准准确度和精确度等指标影响很大，所以对面源黑体辐射特性的校准测试显得尤为重要。传统的黑体空腔理论虽然也可以估算出面源黑体的发射率等辐射特性参数，但是准确度不高而且无法进行验证。经过科研工作者们长期的实验和总结，现在对面源黑体的校准主要有以下几种方法。

（1）理论计算法。该方法的原理是：以黑体辐射基本理论以及黑体空腔理论为基础，对特定结构的面源黑体建立理论计算的数学模型，最后运用数学的方法计算出结果。这种理论方法能够较准确地测试出腔式黑体的发射率，但是对于面源黑体来说，该理论方法还不完备，运用该方法自行建模和计算发射率的值有待验证。所以理论计算法测试的面源黑体的发射率一般只作为估算值，为后续的校准装置的测试提供参考。

（2）分时比对法。由于现实中的黑体以与理想黑体的接近程度来判定黑体的级别，黑体的发射率越高，越接近绝对标准1；该黑体的标准越高，越接近于设想的标准黑体。这种与理想黑体高度相近的黑体可以视为比对标准作为普通黑体测试的参考。分时比对法的原理是对比待测面源黑体的辐射量值和高标准腔式黑体的辐射量值，以黑体基本理论推导出的相同条件下两个黑体辐射之间的关系式为求解等式，从而得出待校准的面源黑体的辐射参数。例如，俄罗斯科学家们设计搭建了一款应用分时比对法的测试系统，能够较准确地测出黑体的辐射参数。以此系统为基础，英、美等国将该技术进一步发展和应用。

（3）实时比对法：根据斯蒂芬-玻耳兹曼定律，黑体的全辐射与待测黑体的温度有一定的关系。利用此定律设计搭建两路信号通道：参考黑体的信号通道和待测黑体的信号通道。系统实时接收并比对两者的辐射量值，通过温控系统调节标准黑体的温度，使得两个通道探测接收的辐射量相等，从而得出信号通道中面源黑体的辐射特性参数——发射率。该方法是应用比较广泛的一种校准方法，很多国家都采用该方法进行军事和民事领域中的红外标定和校准。测试的原理如图5-1所示。

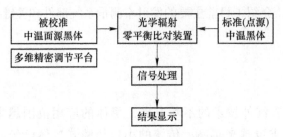

图 5-1　实时比对法测试原理

综上，理论计算法可以建模计算出面源黑体的辐射参数，但是一般只能作为参考的数值，有待于测量验证，现在很少采用该方法；分时比对法利用标准黑体的已知辐射参数，对比待测黑体和标准黑体的辐射量，从而比对求出待测黑体的辐射参数。该方法原理简单，校准装置容易搭建，实验测试及实验数据也相对容易处理。但是由于是分时测量在分时的过程中，黑体的温度以及环境的温度等等不可避免地会有一些变化，对测试校准的结果有一定的影响。实时比对法在准确度以及精度指标要求上优于上述 2 种方法，但是利用该方法设计搭建校准装置存在一定的困难，光学系统以及比对系统比较复杂，系统的搭建以及测试周期较长，耗费财力物力较多。

随着红外遥感领域技术的迅速发展，对高精度、高分辨率对地遥感提出了很高的要求，面源黑体定标器可以采用平板式设计，其原理是利用喷涂其上的高发射率涂层材料本身发射率近似模拟黑体。为了进一步增加面源黑体辐射表面的有效发射率，面源黑体经常被加工成含微腔结构，其原理是在利用涂层材料本身发射率的基础上，利用微腔结构的腔体效应进一步提高有效发射率来模拟黑体，该方法适用于高精度、高稳定性、高可靠性要求的场合，目前普遍采用的有同心圆 V 型槽或蜂窝状结构。

综合考虑加工制作难易程度，建模计算可行性等因素，并结合技术指标，本课题最终选用的面源黑体外形如图 5-2 所示，结构示意图如图 5-3 所示。首先对

黑体抽真空，使得黑体面受大气的影响；然后
通过加热制冷设备使面源黑体能覆盖 210～
450K 的低温和常温范围，以 PID 仪表和数据
采集卡对控温精度和温度稳定性进行控制和测
试，最后运用 LabVIEW 软件编写的上位机程序
测试温度值，进而对整个温控测试过程进行反
馈控制。整个温控系统的系统框图如图 5-4
所示。

图 5-2　面源黑体外形

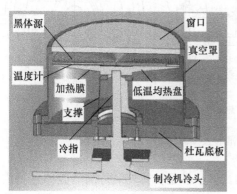

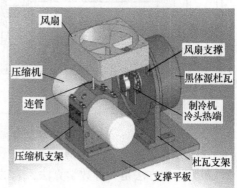

图 5-3　面源黑体结构

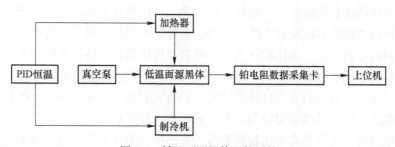

图 5-4　低温面源黑体温控系统

5.1.2　腔式黑体

　　在世界上，温度高于绝对零度的实物都可以产生并辐射红外波段的光谱及能
量。黑体的定义是：外在的因素都改变不了辐射特性参数，发射率在任何情况下
都为绝对标准 1 的物体。这是一种理想化的设想模型，现实中没有这种物体。学
者通过理论研究认为，这种设想的模型是完全密闭的均匀等温空心腔体才有可能
达到的。但是这种物体无法向外辐射能量，在实际的研究中无法得以应用。所以
现实中应用的黑体只能无限接近于理想黑体，主要是腔式黑体和面源黑体。腔式

黑体结构如图5-5所示。一般地，黑体和设想的理想黑体相比，黑体的发射率越接近于绝对标准1，黑体的辐射性能越完备，用于测试校准时，校准的准确度和精度越高。

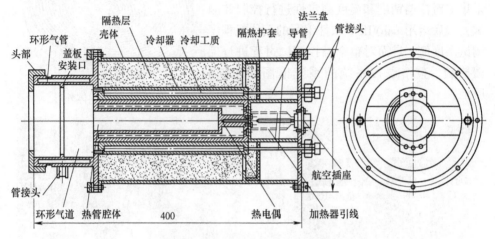

图 5-5　实验室标准腔式黑体结构

　　积分方程方法是一种数学算法，它的计算步骤是：首先对待测的腔体进行内部结构和形状分析，建立一个关于辐射通量的等式；然后利用数学方法求解该等式中的未知量，从而计算出结果。积分方程方法一般用于理论计算外形为圆锥的腔式黑体的辐射性能参数，能够比较准确、精确地计算出结果。另外一套较为完备的评估方法是多次反射方法。该方法的计算原理是：第一步得到制作腔体的相关材料的参数信息，制作腔体内壁的材料对黑体的辐射特性影响很大；第二步根据材料的参数信息以及腔体的结构等，给出黑体空腔发射率的计算模型或算式；第三步运用数学的方式计算出结果。该方法经过 Devos 和 Quinn 的长期钻研和不断改进，现在已经相对较为完善，应用也比较广泛。

　　上述两种方法虽然能够比较精确地计算出黑体的发射率，进行较为完备的辐射特性评估。但是随着科技的发展，技术指标的提高，科研工作者们在后续的实践应用中，又对积分方程法和多次反射法进行了改进和提升。其中，哈尔滨工业大学仪器科学与技术专业褚载祥老师课题组经过不断探索，创造性地对一种圆柱结构的腔式黑体给出了较为完善的辐射特性评估结果。腔式黑体温控系统如图5-6所示，但是，现实中的很多腔式黑体结构和外形比较复杂，利用上述的评估计算方法很难得到高准确度和高精度的结果。在科学家们长期的努力下，Monte Carlo方法得以产生并应用，通过该方法，科研工作者们对圆柱、圆锥外形结构的腔式黑体以及一些小口径的面源黑体进行了辐射特性的计算分析，得出了较精确的结果。现在经过科学家们的改进提高，该方法的应用越来越广泛。

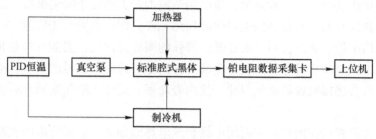

图 5-6 腔式黑体温控系统

5.2 加热技术

5.2.1 电阻加热

电阻加热是利用电流流过导体的焦耳效应产生的热能对物体进行的电加热。电阻加热可加热金属、熔融金属或非金属，效果几乎高达100%，同时工作温度可达到2000℃，因此不仅可应用于低温加热，也可应用于高温加热。由于其具有的可控性和快速性的特点，电阻加热应用于方方面面。

电阻加热一般具有以下特点：（1）物料的加热温度可在高于室温直到约3000℃的宽广范围内按加热工艺需要选定，且可得到精确的控制；（2）物料可选择在按工艺需要的环境中，如在真空、控制气氛、液态介质等中进行加热和处理（如真空电阻炉、控制气氛电阻炉、电热浴炉等），真空度或一些气氛中的气体成分可自动控制；（3）加热均匀；（4）热效率高；（5）对环境污染少。

电热的获取主要形式是电阻加热，其分为直接加热和间接加热。

（1）直接电热法。直接电热法是指使电流通过被加热物体本身，利用被加热物体本身的电阻发热而达到加热目的。其主要用来加热形状规则的物体，例如在家用电器中，利用水本身的电阻加热水的热水器等。

利用直接电热法时，待热物体两端直接接到电路中，用一个具有抽头的变压器或一个变阻器来调节工作电压或工作电流。在热水器内，外电路中提供的电位差保持不变，而水的电阻以改变电极位置、电极面积大小或水位高低的办法来调节。需要注意的是，凡是利用直接电热法加热的物体，其本身必须具有一定的电阻值，本身电阻值太小或太大都不适宜采用直接电热法。

（2）间接电热法。间接电热法与直接电热法相反，电流并不通过所需加热的物体，而是使用另一种专门材料制成的电热元件。电流使电热元件产生热量，再利用不同的传热方式（辐射、对流及传导）将热量传送到被加热物体中。这种间接电热法电阻加热形式是如今使用较为广泛的一种加热形式，主要用来加热和干燥物体。小至电吹风，大至电阻炉，都广泛采用这种间接电热法。

电阻加热装置具有结构简单、温度调节范围较大和便于安装维修等优点。

如今我国有的厂家直接用电热丝做加热元件，即将电阻丝先绕制成螺旋弹簧状，再将该电热丝穿在特制的陶瓷管或带孔的陶瓷元件内，安放在加热板或模具的加热孔中，应注意其与加热板等金属部件绝缘。这种办法虽然成本低廉，但电阻丝与空气直接接触容易氧化损耗，使用寿命短，此外电阻丝暴露在外面也不太安全。

另一种形式是在模具的表面用电热套或电热圈加热，它是将电阻丝绕制在云母片上之后，再装夹进一个特制的金属外壳里，电阻丝和金属外壳之间用云母片绝缘。电热套应与模具外形相吻合，最常见的有矩形和圆形两种。使用时可以根据模具加热部位的形状进行选用。矩形电热套是由 5 个电热片构成，用导线和螺钉连接在一起，也通过螺钉夹紧在模具上，这种加热形式常用于中小型热塑性塑料注射模具。由于电热套有一面与大气相接触，因此，热损比电热棒大，即加热同一副模具若采用电热套需耗费比用电热棒更大的功率。

最常用的方式则是在模具上要冷却的相关部位钻孔，将电热棒插入。根据模具所需加热功率选用加热棒的型号和数量，确定连接方式（并联或串联），由于电阻丝与外界空气隔绝，因此不易氧化，使用寿命长，当电热棒烧坏时可以方便地进行更换，而不必拆开整副模具和加热板。但是，开设加热孔时，受型芯、成型镶块和顶出脱模零件结构的限制。

5.2.2　激光加热

激光加热是使工件表面产生一定的感应电流，迅速加热零件表面，然后迅速淬火的一种金属热处理方法。高频加热多数用于工业金属零件表面淬火，它是使工件表面产生一定的感应电流，迅速加热零件表面，然后迅速淬火的一种金属热处理方法。高频加热设备，即对工件进行高频加热，以进行表面淬火的设备。

其工作原理是：工件放到感应器内，感应器一般是输入中频或高频交流电（1000~300000Hz 或更高）的空心铜管。产生的交变磁场在工件中产生出同频率的感应电流，这种感应电流在工件的分布是不均匀的，在表面强，而在内部很弱，到心部接近于 0，利用这个集肤效应，可使工件表面迅速加热，在几秒钟内表面温度可上升到 800~1000℃，而心部温度升高很小。高频加热频率的选择根据热处理及加热深度的要求选择，频率越高加热的深度越浅。

高频（10kHz 以上）加热的深度为 0.5~2.5mm，一般用于中小型零件的加热，如小模数齿轮及中小轴类零件等。

中频（1~10kHz）加热深度为 2~10mm，一般用于直径大的轴类和大中模数的齿轮加热。

工频（50Hz）加热淬硬层深度为 10~20mm，一般用于较大尺寸零件的透热，大直径零件（直径 300mm 以上，如轧辊等）的表面淬火。高频加热表面淬火具有表面质量好，脆性小，淬火表面不易氧化脱碳，变形小等优点，所以激光加热设备在金属表面热处理中得到了广泛应用。激光加热设备是产生特定频率感应电流，以进行高频加热及表面淬火处理的设备。

5.2.3 感应加热

感应加热是一种利用电磁感应来加热电导体（一般是金属）的方式，它会让金属中产生涡电流，因电阻而造成金属的焦耳加热。感应加热器包括一个电磁铁，其中会通过高频的交流电，若物体有较大的磁导率，也可能会因为磁迟滞现象的损失而产生热。使用的交流频率依欲加热物品的尺寸、金属种类、加热线圈和欲加热物品的耦合程度以及渗透深度来决定。

电磁感应（Electromagnetic Induction），是指放在变化磁通量中的导体，会产生电动势。此电动势称为感应电动势或感生电动势，若将此导体闭合成一回路，则该电动势会驱使电子流动，形成感应电流（感生电流）。

迈克尔·法拉第是一般被认定为于 1831 年发现了电磁感应现象的人，虽然 Francesco Zantedeschi 在 1829 年的工作可能对此有所预见。法拉第发现产生在闭合回路上的电动势和通过任何该路径所包围的曲面的磁通量的变化率成正比，这意味着，当通过导体所包围的曲面的磁通量变化时，电流会在任何闭合导体内流动。这适用于当磁场本身变化时或者导体运动于磁场时。掌握电磁感应原理是发电机、感应马达、变压器和大部分其他电力设备操作的基础。

感应电动势由法拉第电磁感应定律给出：

$$\varepsilon = -\frac{\Delta \Phi_B}{\Delta t} \tag{5-1}$$

式中，ε 为单位为伏特的电动势；Φ_B 为单位为韦伯的磁通量。当 Δt 趋近于零时，此式表示瞬时感应电动势，否则表示一段时间的平均感应电动势。

对于除了特殊情况外，一般来说，有 N 匝回路的线圈同一区域绕着，电磁感应产生的感应电动势为

$$\varepsilon = -N\frac{\Delta \Phi_B}{\Delta t} \tag{5-2}$$

式中，ε 单位为伏特的电动势；N 是线圈匝数；Φ_B 为单位为韦伯的穿过一个回路的磁通量。

进一步的，楞次定律给出了感应电动势的方向如下：电路上所诱导出的电动势的方向，总是使得它所驱动的电流会阻碍原先产生它（即电动势）的磁通量之变化，所以楞次定律决定了上面方程中的负号。

5.2.3.1 动生电动势

导体以垂直于磁感线的方向在磁场中运动，在同时垂直于磁场和运动方向的两端产生的电动势，称为动生电动势。

动生电动势是由于导体中载流子在磁场中运动受到垂直于磁场和运动方向的洛伦兹力的作用，在导体内移动的结果。当洛伦兹力和导体内电势差产生的电场力平衡时，导体两端电动势稳定。此时：

$$\varepsilon = BLv \tag{5-3}$$

式中，ε 为导体两端电动势；B 为磁感应强度；L 为产生电动势的两端的距离；v 为导体运动速度。导体棒接入一个回路时，动生电动势也可以认为是由于导体运动，使得回路面积改变而使磁通量变化，产生的电动势。推导如下：

$$\varepsilon = \frac{\Delta\Phi}{\Delta t} = \frac{B\Delta S}{\Delta t} = \frac{BL\Delta x}{\Delta t} = BLv \tag{5-4}$$

5.2.3.2 感生电动势

由于导体置于变化的磁场而产生的电动势，称为感生电动势。变化的磁场会产生涡旋电场，导体中载流子在其中运动一周后降低的电动势就是感生电动势，满足：

$$\varepsilon = \frac{\Delta\Phi}{\Delta t} \tag{5-5}$$

感生电动势在生产中应用广泛，包含以下几个方面。

（1）感应电炉。感应电炉用感应的方式来熔化金属。在熔化后，高频的磁场也可以搅动金属，若是制作合金时应确保加入的金属和原金属充分混合。大部分的感应电炉包括一个水冷的铜环，外层包着一层耐热材料。感应电炉比反射炉及高炉要环保，在熔化金属上，已经取代这两种生产方式，成为现代工厂常用的清洁生产方式。可加热金属的量从一公斤到数百公吨不等。在运行时，感应电炉多半会有高频率的嗡嗡声，依其工作频率而变。感应电炉可以处理的金属包括铁及钢、铜、铝及贵金属。因为感应电炉是清洁的非接触制程，可以用在真空或是在惰性气体的环境中。例如有些特殊的钢或是合金在空气中加热会氧化，这类合金或钢就可以用真空电炉来生产。

（2）感应电焊。感应电焊是和感应电炉类似，但规模较小的加工方法。若塑胶中加入了铁磁性的颗粒（材料中磁滞的特性在感应时生热）或金属颗粒，也可以用感应电焊来焊接。

管件的缝隙可以用此方式焊接。在缝隙附近引入电流加热材料，产生可以焊接的高温。此时缝隙两侧的材料会受力互相接近，焊接缝隙。电流也可以用电刷传导到管件中，但结果是一样的，缝隙附件的材料被加热而焊接。

（3）电磁炉。在电磁炉中，感应线圈加热锅具中铁制底部，铜、铝或其他非铁材料的锅具则不能配合电磁炉使用。电磁炉加热时，锅具底部的热会由热传导方式传导到食物中。电磁炉具有高效率、安全等优点。电磁炉有固定式的，也有移动式的。

5.3 红外探测器

红外探测器（Infrared Detector）是将入射的红外辐射信号转变成电信号输出的器件。红外辐射是波长介于可见光与微波之间的电磁波，人眼察觉不到。要察觉这种辐射的存在并测量其强弱，必须把它转变成可以察觉和测量的其他物理量。一般说来，红外辐射照射物体所引起的任何效应，只要效果可以测量而且足够灵敏，均可用来度量红外辐射的强弱。现代红外探测器所利用的主要是红外热效应和光电效应。这些效应的输出大都是电量，或者可用适当的方法转变成电量。

在红外线探测器中，热电元件检测人体的存在或移动，并把热电元件的输出信号转换成电压信号。然后，对电压信号进行波形分析。只有当通过波形分析检测到由人体产生的波形时，才输出检测信号。例如，在两个不同的频率范围内放大电压信号，用于鉴别由人体引起的信号。

一个红外探测器至少有一个对红外辐射产生敏感效应的元件，称为响应元也叫电红外传感器，它和可以让红外透过并划分区域的介质组成菲涅尔透镜。此外，还包括响应元的支架、密封外壳。有时还包括致冷部件、光学部件和电子部件等。

不同种类的物体发射出的红外光波段是有其特定波段的，该波段的红外光处在可见光波段之外。因此人们可以利用这种特定波段的红外光来实现对物体目标的探测与跟踪。将不可见的红外辐射光探测出并将其转换为可测量的信号的技术就是红外探测技术，从应用的情况来看，红外探测有如下几个优点：环境适应性优于可见光，尤其是在夜间和恶劣气候下的工作能力；隐蔽性好，一般都是被动接收目标的信号，比雷达和激光探测安全且保密性强，不易被干扰；由于是对目标和背景之间的温差和发射率差形成的红外辐射特性进行探测，因而识别伪装目标的能力优于可见光；与雷达系统相比，红外系统的体积小，重量轻，功耗低；探测器的光谱响应从短波扩展到长波；探测器从单元发展到多元、从多元发展到焦平面；发展了种类繁多的探测器和系统；从单波段探测向多波段探测发展；从制冷型探测器发展到室温探测器。

5.3.1 光伏探测器

利用半导体 PN 结光伏效应制成的器件称为光伏器件，也称结型光电器件。

这类器件品种很多，其中包括：光电池、光电二极管、光电晶体管、光电场效应管、PIN 管、雪崩光电二极管、光可控硅、阵列式光电器件、象限式光电器件、位置敏感探测器（PSD）、光电耦合器件等。

5.3.1.1　热平衡下的 p-n 结

p-n 结中电子向 p 区，空穴向 n 区扩散，使 p 区带负电，n 区带正电，形成由不能移动离子组成的空间电荷区（耗尽区），同时出现由耗尽区引起的内建电场，使少子漂移，并阻止电子和空穴继续扩散，达到平衡。在热平衡下，由于 p-n 结中漂移电流等于扩散电流，净电流为零。

5.3.1.2　光照下的 p-n 结

当光照射 p-n 结时，只要入射光子能量大于材料禁带宽度，就会在结区产生电子–空穴对。这些非平衡载流子在内建电场的作用下运动；在开路状态，最后在 n 区边界积累光生电子，p 区积累光生空穴，产生了一个与内建电场方向相反的光生电场，即 p 区和 n 区之间产生了光生电压 V_{oc}。p-n 结光电效应应用在光伏探测器中，光伏探测器的性能参数包括：

（1）响应率。光伏探测器的响应率与器件的工作温度及少数载流子浓度和扩散有关，而与器件的外偏压无关，这是与光电导探测器不相同的。

（2）噪声。光伏探测器的噪声主要包括器件中光生电流的散粒噪声、暗电流噪声和器件的热噪声。热噪声与器件的工作状态及光照有关，为器件电阻，因为反偏工作时相当大，热噪声可忽略不计，因此光电流和暗电流引起的散粒噪声是主要的。

（3）比探测率。光伏探测器工作于零偏电阻时，与比探测率成正比。当入射波长一定、器件量子效率相同时，比探测率越大，电信号越高。所以，零偏电阻往往也是光伏探测器的一个重要参数，它直接反映了器件性能的优劣。当光伏探测器受热噪声限制时，提高比探测率的关键在于提高结电阻和界面积的乘积和降低探测器的工作温度，同时也说明，当光伏探测器受背景噪声限制时，提高比探测率主要采用减小探测器视场角等办法来减少探测器接收的背景光子数以实现。

（4）光谱特性。与其他选择性光子探测器一样，光伏探测器的响应率随入射光波长而变化。

通常用性能很好的光伏探测器，但其最佳响应波长在 0.8~1.0μm，对于 1.3μm 或 1.55μm 红外辐射不能响应。锗制成的光伏探测器虽能响应到 1.7μm，但它的暗电流偏高，因而噪声较大，也不是理想的材料。

假设光从 p-n 结的 n 侧垂直入射，且穿透深度不超过结区，则光电流主要是

n 区及结区光生空穴电流所成。n 区光生空穴扩散至结区所需要的时间与扩散长度和扩散系数有关。以 n 型硅为例，当空穴扩散距离为几微米时，则需扩散时间约 5μs。对于高速响应器件，这个量是不能满足要求的。因此，在制造工艺上将器件光敏面作得很薄，以便得到更小的扩散时间。

由半导体物理学可知，耗尽层中载流子的漂移速度与耗尽层宽度及其间电场有关。在一般的光电二极管中，这不是限制器件频率响应特性的主要因素。

（5）频率响应及响应时间。光伏探测器的频率响应主要由 3 个因素决定：1）光生载流子扩散至结区的时间；2）光生载流子在电场作用下通过结区的漂移时间；3）由结电容与负载电阻所决定的电路常数。

（6）温度特性。光伏探测器和其他半导体器件一样，其光电流及噪声与器件工作温度有密切关系。

5.3.2 光电导探测器

光电导探测器是利用半导体材料的光电导效应制作的探测器。所谓光电导效应，是指由辐射引起被照射材料电导率改变的一种物理现象。光电导探测器在各个领域都有广泛用途，在可见光或近红外波段主要用于射线测量和探测、工业自动控制、光度计量等；在红外波段主要用于导弹制导、红外热成像、红外遥感等方面。光电导体的另一应用是用它做摄像管靶面。为了避免光生载流子扩散引起图像模糊，造成连续薄膜靶面，如 PbS-PbO、Sb_2S_3 等。其他材料可采取镶嵌靶面的方法，整个靶面由约 10 万个单独探测器组成。

当照射的光子能量 $h\nu$ 等于或大于半导体的禁带宽度 E_g 时，光子能够将价带中的电子激发到导带，从而产生导电的电子、空穴对，这就是本征光电导效应。这里 h 是普朗克常数，ν 是光子频率，E_g 是材料的禁带宽度（单位为电子伏）。因此，本征光电导体的响应长波限为

$$\lambda_c = hc/E_g = 1.24/E_g(\mu m)$$

式中，c 为光速。本征光电导材料的长波限受禁带宽度的限制。凡禁带宽度或杂质离化能合适的半导体材料都具有光电效应。但是制造实用性器件还要考虑性能、工艺、价格等因素。常用的光电导探测器材料在射线和可见光波段有：CdS、CdSe、CdTe、Si、Ge 等；在近红外波段有：PbS、PbSe、InSb、$Hg_{0.75}Cd_{0.25}Te$ 等；在长于 8μm 波段有：$Hg_{1-x}Cd_xTe$、Pb_xSn_{1-x}、Te、Si 掺杂、Ge 掺杂等；CdS、CdSe、PbS 等材料可以由多晶薄膜形式制成光电导探测器。

5.3.2.1 可见光波段的光电导探测器

CdS、CdSe、CdTe 的响应波段都在可见光或近红外区域，通常称为光敏电阻。它们具有很宽的禁带宽度（远大于 1eV），可以在室温下工作，因此器件结

构比较简单，一般采用半密封式的胶木外壳，前面加一透光窗口，后面引出两根管脚作为电极。高温、高湿环境应用的光电导探测器可采用金属全密封型结构，玻璃窗口与可伐金属外壳熔封。

5.3.2.2　红外波段的光电导探测器

PbS、$Hg_{1-x}Cd_xTe$ 的常用响应波段在 $1 \sim 3\mu m$、$3 \sim 5\mu m$、$8 \sim 14\mu m$ 3 个大气透过窗口。由于它们的禁带宽度很窄，因此在室温下，热激发足以使导带中有大量的自由载流子，这就大大降低了对辐射的灵敏度。响应波长越长的光，电导体这种情况越显著，其中 $1 \sim 3\mu m$ 波段的探测器可以在室温工作（灵敏度略有下降）。

$3 \sim 5\mu m$ 波段的探测器分 3 种情况：

（1）在室温下工作，但灵敏度大大下降，探测度一般只有 $(1 \sim 7) \times 10^8 cm \cdot Hz/W$；（2）热电制冷温度下工作（约 $-60℃$），探测度约为 $10^9 cm \cdot Hz/W$；（3）77K或更低温度下工作，探测度可达 $10^{10} cm \cdot Hz/W$ 以上。$8 \sim 14\mu m$ 波段的探测器必须在低温下工作，因此光电导体要保持在真空杜瓦瓶中，冷却方式有灌注液氮和用微型制冷器两种。

红外探测器的时间常数比光敏电阻小得多，PbS 探测器的时间常数一般为 $50 \sim 500\mu s$，HgCdTe 探测器的时间常数在 $10^{-6} \sim 10^{-8} s$ 量级，红外探测器有时要探测非常微弱的辐射信号，例如 $10^{-14} W$，输出的电信号也非常小，因此要有专门的前置放大器。

5.3.3　热释电探测器

热释电红外传感器在结构上引入场效应管，其目的在于完成阻抗变换。由于热电元输出的是电荷信号，并不能直接使用，需要用电阻将其转换为电压形式。故引入的 N 沟道结型场效应管，应接成共漏形式来完成阻抗变换。热释电红外传感器由传感探测元、干涉滤光片和场效应管匹配器 3 部分组成。设计时应将高热电材料制成一定厚度的薄片，并在它的两面镀上金属电极，然后加电对其进行极化，这样便制成了热释电探测元。

热释电探测元主要是由一种高热电系数的材料，如锆钛酸铅系陶瓷、钽酸锂、硫酸三甘钛等制成尺寸为 $2mm \times 1mm$ 的探测元件。在每个探测器内装入一个或两个探测元件，并将两个探测元件以反极性串联，以抑制由于自身温度升高而产生的干扰。由探测元件将探测并接收到的红外辐射转变成微弱的电压信号，经装在探头内的场效应管放大后向外输出。为了提高探测器的探测灵敏度以增大探测距离，一般在探测器的前方装设一个菲涅尔透镜，该透镜用透明塑料制成，将透镜的上、下两部分各分成若干等份，制成一种具有特殊光学系统的透镜，它和放大电路相配合，可将信号放大 70dB 以上，这样就可以测出 20m 范围内人的行动。

菲涅尔透镜利用透镜的特殊光学原理，在探测器前方产生一个交替变化的"盲区"和"高灵敏区"，以提高它的探测接收灵敏度。当有人从透镜前走过时，人体发出的红外线就不断地交替从"盲区"进入"高灵敏区"，这样就使接收到的红外信号以忽强忽弱的脉冲形式输入，从而强化其能量幅度。

人体辐射的红外线中心波长为 $9 \sim 10 \mu m$，而探测元件的波长灵敏度在 $0.2 \sim 20 \mu m$ 范围内几乎稳定不变。在传感器顶端开设了一个装有滤光镜片的窗口，这个滤光片可通过光的波长范围为 $7 \sim 10 \mu m$，正好适合于人体红外辐射的探测，而对其他波长的红外线由滤光片予以吸收，这样便形成了一种专门用作探测人体辐射的红外线传感器。

由于加电极化的电压是有极性的，因此极化后的探测元也是有正、负极性的。该传感器将两个极性相反、特性一致的探测元串接在一起，目的是消除因环境和自身变化引起的干扰。它利用两个极性相反、大小相等的干扰信号在内部相互抵消的原理来使传感器得到补偿。对于辐射至传感器的红外辐射，热释电传感器通过安装在传感器前面的菲涅尔透镜将其聚焦后加至两个探测元上，从而使传感器输出电压信号。制造热释电红外探测元的高热电材料是一种广谱材料，它的探测波长范围为 $0.2 \sim 20 \mu m$。为了对某一波长范围的红外辐射有较高的灵敏度，该传感器在窗口上加装了一块干涉滤波片。这种滤波片除了允许某些波长范围的红外辐射通过外，还能将灯光、阳光和其他红外辐射拒之门外。

5.3.4 热电堆

热电堆是一种温度测量元件，它由两个或多个热电偶串接组成，各热电偶输出的热电势是互相叠加的。用于测量小的温差或平均温度。热电堆的辐射接收面分为若干块，每块接一个热电偶，把它们串联起来。按用途不同，实用的热电堆可以制成细丝型和薄膜型，亦可制成多通道型和阵列型器件。

热电堆的内阻等于所有串联热电偶的内阻之和，热电堆的内阻 R 较大，可达几十千欧姆，易于与放大器的阻抗匹配，可利用普通的运算放大器。热电堆在相同的温差时，热电堆的开路输出电压 U_{po} 是所有串联热电偶的温差电动势之和：

在相同的电信号检测条件下，热电堆能检测到的最小温差是单个热电偶的 $1/n$，热电堆对温度的分辨能力很强。热电堆的噪声等效功率 NEP 主要取决于热电堆的热噪声。

5.4 分光器件

5.4.1 滤光片

滤光片是用来选取所需辐射波段的光学器件。滤光片的一个共性是没有任何滤光片能让天体的成像变得更明亮，因为所有的滤光片都会吸收某些波长的光，从而使物体变得更暗。

　　滤光片的原理：标准滤光片组滤光片是塑料或玻璃片再加入特种染料做成的，红色滤光片只能让红光通过，如此类推。玻璃片的透射率原本与空气差不多，所有有色光都可以通过，所以是透明的，但是染了染料后，分子结构变化，折射率也发生变化，对某些色光的通过就有变化了。比如一束白光通过蓝色滤光片，射出的是一束蓝光，而绿光、红光极少，大多数被滤光片吸收了。

　　滤光片广泛用于摄影界。一些摄影大师拍摄的风景画，为什么主景总是那么突出，是怎样做到的？这就用到了滤光片。比如你想用相机起拍一朵黄花，背景是蓝天、绿叶，如果按照平常拍，就不能突出"黄花"这个主题，因为黄花的形象不够突出。但是，如果在镜头前放一个黄色滤光片，阻挡一部分绿叶散射出的绿光、蓝天散射出的蓝光，而让黄花散射出的黄光大量通过，黄花就显得十分明显了，突出了"黄花"这个主题。

　　滤光片主要特点是尺寸可做得相当大。薄膜滤光片一般透过的波长较长，多用做红外滤光片。后者是在一定片基上，用真空镀膜法交替形成具有一定厚度的高折射率或低折射率的金属-介质-金属膜，或全介质膜，构成一种低级次的、多级串联实心法布里-珀罗干涉仪。膜层的材料、厚度和串联方式的选择，由所需要的中心波长和透射带宽 λ 确定。

　　干涉滤光片能覆盖从紫外到红外任意的波长 λ 为 1~500Å。金属-介质膜滤光片的峰值透射率不如全介质膜高，但后者的次峰和旁带问题较严重。薄膜干涉滤光片中还有一种圆形或长条形可变干涉滤光片，适宜于空间天文测量。此外，还有一种双色滤光片，它与入射光束成 45° 角放置，能以高而均匀的反射和透射率将光束分解为方向互相垂直的两种不同颜色的光，适合于多通道多色测光。干涉滤光片一般要求垂直入射，当入射角增大时，向短波方向移动。这个特点在一定范围内可用来调准中心波长。由于 λ 和峰值透过率均随温度和时间显著变化，使用窄带滤光片时必须十分小心。另外，大尺寸的均匀膜层难于获得，干涉滤光片的直径一般都小于 50mm。有人曾用拼合方法获得大到 38cm 见方的干涉滤光片，装在英国口径 1.2m 施密特望远镜上，用于拍摄大面积星云的单色像。

5.4.2　单色仪

　　单色仪是利用分光元件（棱镜或光栅）从复杂辐射中获得紫外、可见和红外光谱且具有一定单色程度光束的仪器，它由狭缝、准直镜和分光元件按一定排列方式组合而成。单色仪作为独立的仪器使用时，可用于物体的发射、吸收、反射和透射的分光辐射测量和光谱研究，也可用于各种探测器的光谱响应测量。若把单色仪与其他系统组合在一起，则可构成各种光谱测量仪器，如红外光谱辐射

计和红外分光光度计等。早期的单色仪多
采用棱镜作为色散元件（分光元件），利用
棱镜进行分光是基于棱镜材料的光折射率
（n）随着波长（λ）而变化的原理。根据
几何光学，入射光线和经过棱镜的出射光
线之间的夹角称为偏向角，偏向角用 θ 表
示，如图 5-7 所示。角色散表示偏向角随波
长的变化速率，即波长相差的两光线被棱
镜分开后的角度。当入射角等于出射角 i 时，角色散为

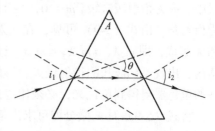

图 5-7 棱镜对单色光的折射

$$\frac{\mathrm{d}\theta}{\mathrm{d}\lambda} = \frac{2\sin(A/2)}{[1 - n^2\sin^2(A/2)]^{1/2}} \times \frac{\mathrm{d}n}{\mathrm{d}\lambda} \qquad (5\text{-}6)$$

式中，A 为棱镜的顶角；$\mathrm{d}n/\mathrm{d}\lambda$ 为棱镜材料的色散率。此式表明角色散取决于棱
镜和光线的几何条件与棱镜材料的色散率。

棱镜的材料和形状最终决定了棱镜的分辨本领。分辨本领是指棱镜分离开两
条邻近谱线的能力。如果棱镜能分辨开波长为 λ 和 $\lambda+\delta\lambda$ 的单色光，根据瑞利判
据规定，一条谱带的最大值刚好与邻近谱带的最小值相重叠，其理论分辨本领 R
即为

$$R = \frac{\lambda}{\delta\lambda} \qquad (5\text{-}7)$$

进一步又可推导出

$$R = b\,\frac{\mathrm{d}n}{\mathrm{d}\lambda} \qquad (5\text{-}8)$$

式中，b 为棱镜的有效底边长度。

可见，棱镜的最大分辨本领与棱镜底边长度 b 及棱镜材料的色散率 $\mathrm{d}n/\mathrm{d}\lambda$ 成
正比。棱镜的分辨本领是影响红外单色仪光谱分辨本领的重要因素。

单色仪分光元件也可采用衍射光栅，光栅分光是基于光栅每个缝对光线的衍
射和缝间的干涉，产生衍射花样的极大位置与波长有关。

图 5-8 所示为一种具有三角形
线槽的反射式平面衍射光栅，称为
闪耀光栅。闪耀光栅每个缝的平面
和光栅平面之间有一个角度 θ，每
个缝都对入射光产生衍射作用。

闪耀光栅主极大的位置服从光
栅方程式

$$m\lambda = b(\sin i + \sin\varphi) \qquad (5\text{-}9)$$

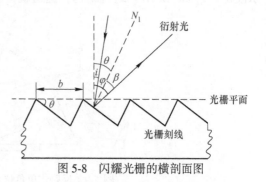

图 5-8 闪耀光栅的横剖面图

式中，m 为衍射级次级，$m = 0$，± 1，± 2，…；b 为光栅常数；i 为入射角；φ 为衍射角。由式（5-9）可见，在入射角和衍射角不变时，积 $m\lambda$ 可由不同的 m 和 λ 组成，即 $m_1\lambda_1 = m_2\lambda_2 = m_3\lambda_3 = \cdots$，$m$ 为正负整数。这就是说，在同一衍射角内，出现不同波长的衍射极大，形成光谱级次的重叠。因此用光栅作为分光元件的单色器要得到单色光，必须用滤光器滤去不需要的级次光。

将式（5-9）对 λ 微分即可求出角色散率 $\mathrm{d}\varphi/\mathrm{d}\lambda$ 为

$$\frac{\mathrm{d}\varphi}{\mathrm{d}\lambda} = \frac{m}{b\cos\varphi} \tag{5-10}$$

光栅的色散率比棱镜大得多，尤其在红外区，光栅可得到棱镜无法达到的高色散率。

光栅的分辨本领 R 也具有式（5-7）的形式，即

$$R = W\frac{\mathrm{d}\varphi}{\mathrm{d}\lambda} \tag{5-11}$$

式中，W 为有效孔径宽度，$W = bN\cos\varphi$，其中 b 为一条划线的宽度，N 为划线总数，φ 为衍射角。将式（5-10）代入上式得 $R = mN$，由此可知，光栅的分辨本领与划线总数 N 和光谱的级数 m 成正比。因此对同一块光栅，用高级次光可以得到较大的分辨本领。但因级次分离的困难，同时光谱强度随着级次升高而迅速减弱，使用高级次光谱有一定困难。即使这样，使用一级光谱，光栅达到的分辨本领也远较棱镜高。

单色仪的工作原理可用如图 5-9 所示的反射式单色仪光路系统加以说明。来自辐射源的辐射束穿过入射狭缝后，经抛物面垂直反射镜 M_1 反射变成平行光束投射到平面反射镜，再被反射进入色散棱镜 P，于是被分解为不同折射角的单色平行光束，经另一抛物面反射镜 M_3 反射，并聚焦于出射狭缝 S_2 输出。色散棱镜 P 与平面反射镜 M_2 的组合，称为瓦茨伏尔壬（Wadsworth）色散系统。转动该系统，则可以在出射狭缝 S_2 后面获得不同波长的单色光束。

除图 5-9 所示的结构外，单色仪的组合形式还有立托夫（Littrow）和法司脱-尔波特（Fastie-Ebert）组合结构，这里就不赘述了。

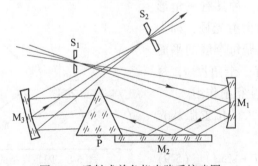

图 5-9　反射式单色仪光路系统略图

5.4.3 光谱仪

红外光谱仪也称红外分光光度计，是进行红外光谱测量的基本设备，结构如图 5-10 所示，主要由辐射源、单色仪、探测器、电子放大器和自动记录系统等构成。

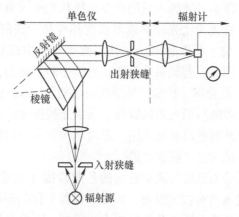

图 5-10 色散型双光束红外分光光度计结构

红外分光光度计根据其结构特征可分为单光束分光光度计和双光束分光光度计两种。在全自动快速光谱分析中，多采用双光束分光光度计。不同的双光束分光光度计又有不同结构及工作原理，其中，最常见的是双光束光学自动平衡系统和双光束电学平衡系统，这里简要介绍这两种系统的工作原理。

双光束光学自动平衡系统的光学部分如图 5-11 所示。辐射源 S 的辐射被反射镜 M、M_3 和 M_2、M_4 反射成强度相同的 2 束，分别通过样品槽 C_1 和参比槽 C_2，

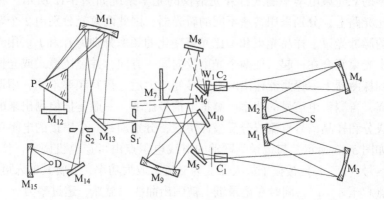

图 5-11 红外分光光度计光路图

并经均匀旋转的扇形反射镜 M_2（斩光器），使透过样品的光束送到单色仪的入射狭缝 S_1。在另一瞬间，转动的扇形镜使透过参比槽的光束送到入射狭缝 S_1。如此反复交替，进入单色仪的光线，经分光后由出射狭缝输出到探测器 D。若光路中未放置待测的吸收样品，或样品光路与参比光路的吸收情况相同，则探测器不产生信号；若在样品光路中放入吸收样品，则会破坏与参比光路的平衡，于是，探测器有信号输出。该信号被放大后用来驱动梳状光阑（衰减器）W，使它进入参比光路遮挡辐射，直到参比光路的辐射强度和样品光路的辐射强度相等为止。这就是所谓的"光零位平衡"原理。显然，参比光路中梳状光阑削弱的能量就是样品吸收的能量。因此，若记录笔和梳状光阑作同步运动，则可直接记录到样品的吸收（或透射）百分率。连续转动立托夫反射镜 M_{12}，到达探测器上的入射光波数将随其变化。若随后的光未被吸收，则当光被探测器扇形斩波器送到探测器上时，就会使梳状光阑退出参比光路，记录笔向基线方向移动。据此，在连续扫描过程中就得到样品的整个吸收光谱。

应该指出，红外分光光度计或单色仪的色散棱镜（通常用 NaCl、KBr 和 LiF 材料制作）很容易受水汽腐蚀或潮解，因而对仪器工作的环境温度和湿度都有严格要求，而且还受材料透射性能及色散能力的限制。因此，目前红外分光光度计广泛使用光栅作分光元件。这不仅降低了对仪器工作环境的恒温恒湿要求，还可以较大的提高仪器的分辨能力和光谱范围。

双光束电学平衡系统的特点是：在光路的安排上，斩光器放在样品槽之前，通过样品的光束为间断的脉冲光束；在参比光路上，不使用光学衰减器，也用斩光器使参比光束变为间断的脉冲光束。然后分别将两个光束强度转变成电信号，经放大测量两个电信号的比率。至此，要求电系对两个光束信号进行分离，而每一个信号大小要和相应的光束强度成正比。

典型的双光束电学平衡式红外光谱仪的光学系统如图 5-12 所示。在样品光路和参比光路上，分别采用转速不同的斩光器，因此两束光分别由 2 个斩光器变为间断的脉冲光束。样品光束和参比光束变化的频率分别为 f_1 和 f_2。用光束复合镜把两个光束复合在一起，使两个光束投向同一方向，并经棱镜式或光栅式单色器投射到探测器上。探测器输出的电信号经放大后，按其频率不同，用调谐电路使其分离，再测量电信号的比率。测量电信号比率，一般是把检测出来的参比信号直流成分和样品信号直流成分反极性串联，分别加到一个串接的电阻和滑线电阻上，如图 5-13 所示，与记录笔联动的滑线电阻点由可逆电机调节，使 $u_3 = u_3'$。期间差信号（$u_3 - u_3'$）被振子放大器变为交流，放大功率，并将其输入可逆电机，驱动滑点直至 $u_3 = u_3'$，同时在记录纸上被画出曲线。显然，透过率为

$$\tau = \frac{u_3}{u_R} = \frac{I}{I_0} \tag{5-12}$$

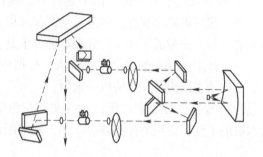

图 5-12 双光束电学平衡式红外光谱仪的光学系统

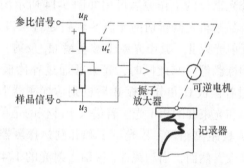

图 5-13 电比率记录原理

5.4.3.1 傅里叶光谱仪

傅里叶变换红外光谱仪主要由迈克尔逊干涉仪和计算机组成。迈克尔逊干涉主要的功能是使光源发出的光分为两束后造成一定的光程差，再使之复合以产生干涉，所得到的干涉图函数包含了光源的全部频率和强度信息。用计算机将干涉图函数进行傅里叶变换，就可计算出原来光源的强度按频率的分布。如果在复合光束中放置一个能吸收红外辐射的试样，由所测得的干涉图函数经过傅里叶变换后与未放试样时光源的强度按频率分布之比值，即可得到试样的吸收光谱。

实际上迈克尔逊干涉仪并没有把光按频率（即按波长）分开，而只是把各种频率的光信号经干涉作用调制为干涉图函数，再由计算机通过傅里叶变换计算出原来的光谱。傅里叶变换红外光仪由以下 4 部分组成。

（1）光源。傅里叶变换红外光谱仪为能测定不同范围的光谱而设置有多个光源。通用的是钨丝灯或碘钨灯（近红外）、硅碳棒（中红外）、高压汞灯及氧化钍灯（远红外）。

（2）分束器。分束器是迈克尔逊干涉仪的关键元件。其作用是将入射光束分成反射和透射两部分，然后再使之复合，如果可动镜使 2 束光造成一定的光程差，则复合光束即可造成相长或相消干涉。对分束器的要求是：应在波数处使入射光束透射和反射各半，此时被调制的光束振幅最大。根据使用波段范围不同，在不同介质材料上加相应的表面涂层，即构成分束器。

（3）探测器。傅里叶变换红外光谱仪所用的探测器与色散型红外分光光度计所用的探测器无本质的不同。常用的探测器有 TGS、铌酸钡锶、碲镉汞、锑化铟等。

（4）数据处理系统。傅里叶变换红外光谱仪数据处理系统的核心是一台计算机，功能是控制仪器的操作，收集数据和处理数据。

傅里叶变换红外光谱仪的工作原理可用如图 5-14 所示的迈克尔逊干涉仪的工作原理加以说明。当被斩光器斩切的光源 S 辐射通过窗口 W 以后，被分光板分成透射光束 I 和反射光束 II，其中光束 I 被动镜 M_1 反射，沿原路回到分光板上，经半透膜反射到探测器。与此同时，光束 II 通过补偿板 C 垂直照射到定镜 M_2，被反射后再穿过补偿板 C 和分光板 B 后也到达探测器上。这样，探测器上接收到的就是光束 I 和光束 II 的相干光。若进入干涉仪的是单色光，开始时因反射镜 M_1 和 M_2 与分光板距离相等，故光束 I 和 II 到达探测器时的相位相同，产生的干涉条纹强度最大，然而，当动镜 M_1 移动入射光的 1/4 波长距离时，光束 I 和光束 II 到达探测器的光程差为 $\lambda/2$，即相位相反，产生的干涉条纹强度最小。若动镜 M_1 以匀速向分光板移动，并以探测器接收到的光强度对 M_1 的移动距离作图，即可得到光强变化的余弦曲线。假如入射光为复合光（例如测量样品的红外发射光谱），得到的干涉图将包括单色光余弦曲线的叠加。因此得到的入

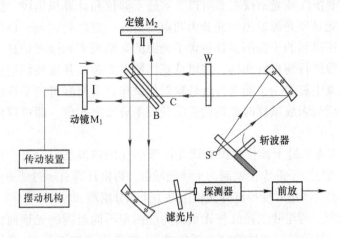

图 5-14　迈克尔逊干涉仪工作原理

射光干涉图强度可用数学表达式（5-13）表示：

$$I(x) = \int_0^\infty S(\nu)[1 + \cos 2\pi\nu x]\mathrm{d}\nu = \frac{I(0)}{2} + \int S(\nu)\cos 2\pi\nu x\mathrm{d}x \qquad (5\text{-}13)$$

式中，x 为光束 I 和光束 II 的光程差；ν 为频率；$I(0)$ 为光程差为零时的干涉光强度；$S(\nu)$ 是待测样品（即入射光）的发射光谱。由此可见，从干涉仪得到的只是发射光谱的干涉图，还不能直接给出发射光谱。为得到样品的真实发射光谱 $S(\nu)$，数学上只需把式（5-13）给出的干涉图作傅里叶变换，即 $S(\nu) = 4\int_0^\infty [I(x) - I(0)/2]\cos 2\pi\nu x\mathrm{d}x$。欲完成这个繁琐的变换处理，必须借助计算机。

由傅里叶变换红外光谱仪获得所需光谱，一般必须遵循如下步骤：

1）当干涉仪动镜 M_1 随时同作匀速移动时，记录相应的信号，测出 $I(x)$ 值（等间隔取样）；

2）由实验测定光程差 $x = 0$ 时的 $I(0)$；

3）将 $[I(x) - I(0)/2]$ 代入方程 $S(\nu) = 4\int_0^\infty [I(x) - I(0)/2]\cos 2\pi\nu x\mathrm{d}x$，对于选定的频率 ν 计算积分；

4）对于每一频率完成方程 $S(\nu) = 4\int_0^\infty [I(x) - I(0)/2]\cos 2\pi\nu\mathrm{d}x$ 的积分，即可得到 $S(\nu)$ 与 ν 的光谱曲线图。

与红外分光光度计相比，傅里叶变换红外光谱仪有以下优点。

①扫描时间短，信噪比高。在色散型光谱仪中，如果测量一个光谱的时间为 t，则测定余部光谱元 N 的时间为 Nt。而傅里叶变换红外光谱仪，在相当于色散型仪器测量一个光谱元的时间 t 内，可以测量全部光谱元，并且在测量总时间相同的情况下，其信噪比是色散型仪器的 $(N/8)^{1/2}$ 倍。

②光通量大。色散型仪器大部分光源的能量都被入口狭缝的刀口阻挡而损失掉。而傅里叶变换红外光谱仪没有狭缝，光通量比较大，能利用的辐射多，一般比色散型仪器可高出数十倍乃至上百倍以上。

③具有很高的波数准确度。由于干涉仪的可动镜能够很精确地驱动，因此干涉图的变化很准确。可动镜的移动是由 He-Ne 激光器的干涉条纹来测量的，保证了所测的光程差很准确。在计算的光谱中有很高的波数准确度，通常达到 0.01/cm。

④具有较高的和恒定的分辨能力。干涉仪的分辨能力主要是由可动镜驱动时所造成的最大光程差确定的。一台研究型的傅里叶光谱仪在整个光谱范围内达到 0.05/cm 左右的分辨能力没有多大困难。而简易型的在全光谱范围达到 0.1 ~ 0.2/cm 的分辨能力也是很普遍的。

⑤具有很宽的光谱范围和极低的杂质辐射。一台傅里叶变换红外光谱仪通常

具有远红外、中红外和近红外的光谱范围，某些波长杂散辐射引起的干涉图变化，在傅里叶变换之后，可以很容易地鉴别出来。通常杂散光在全光谱范围内可低于 0.3%。

5.5　信号处理

5.5.1　放大

放大器是增加信号幅度或功率的装置，它是自动化技术工具中处理信号的重要元件。放大器的放大作用是用输入信号控制能源来实现的，放大所需功耗由能源提供。对于线性放大器，输出就是输入信号的复现和增强。对于非线性放大器，输出则与输入信号成一定函数关系。放大器按所处理信号物理量分为机械放大器、机电放大器、电子放大器、液动放大器和气动放大器等，其中用得最广泛的是电子放大器。

高频功率放大器用于发射机的末级，作用是将高频已调波信号进行功率放大，以满足发送功率的要求，然后经过天线将其辐射到空间，保证在一定区域内的接收机可以接收到满意的信号电平，并且不干扰相邻信道的通信。

高频功率放大器是通信系统中发送装置的重要组件。按其工作频带的宽窄划分为窄带高频功率放大器和宽带高频功率放大器 2 种，窄带高频功率放大器通常以具有选频滤波作用的选频电路作为输出回路，故又称为调谐功率放大器或谐振功率放大器；宽带高频功率放大器的输出电路则是传输线变压器或其他宽带匹配电路，因此又称为非调谐功率放大器。高频功率放大器是一种能量转换器件，它将电源供给的直流能量转换成为高频交流输出。在"低频电子线路"课程中已知，放大器可以按照电流导通角的不同，将其分为甲、乙、丙 3 类工作状态。甲类放大器电流的流通角为 360°，适用于小信号低功率放大；乙类放大器电流的流通角约等于 180°；丙类放大器电流的流通角则小于 180°。乙类和丙类都适用于大功率工作，丙类工作状态的输出功率和效率是 3 种工作状态中最高者。高频功率放大器大多应用丙类，但丙类放大器的电流波形失真太大，因而不能用于低频功率放大，只能用于采用调谐回路作为负载的谐振功率放大。由于调谐回路具有滤波能力，回路电流与电压仍然极接近正弦波形，失真很小。

5.5.2　滤波

滤波是将信号中特定波段频率滤除的操作，是抑制和防止干扰的一项重要措施。是根据观察某一随机过程的结果，对另一与之有关的随机过程进行估计的概率理论与方法。

滤波一词起源于通信理论，它是从含有干扰的接收信号中提取有用信号的一种技术。"接收信号"相当于被观测的随机过程,"有用信号"相当于被估计的随机过程。例如用雷达跟踪飞机,测得的飞机位置的数据中,含有测量误差及其他随机干扰,如何利用这些数据尽可能准确地估计出飞机在每一时刻的位置、速度、加速度等,并预测飞机未来的位置,就是一个滤波与预测问题。这类问题在电子技术、航天科学、控制工程及其他科学技术部门中都是大量存在的。历史上最早考虑的是维纳,后来 R.E. 卡尔曼和 R.S. 布西于 20 世纪 60 年代提出了卡尔曼滤波。现对一般的非线性滤波问题的研究相当活跃。滤波是信号处理中的一个重要概念,滤波分经典滤波和现代滤波 2 种。

5.5.2.1 经典滤波

经典滤波的概念,是根据傅里叶分析和变换提出的一个工程概念。根据高等数学理论,任何一个满足一定条件的信号,都可以被看成是由无限个正弦波叠加而成。换句话说,就是工程信号是不同频率的正弦波线性叠加而成的,组成信号的不同频率的正弦波叫做信号的频率成分或谐波成分。只允许一定频率范围内的信号成分正常通过,而阻止另一部分频率成分通过的电路,叫做经典滤波器或滤波电路。实际上,任何一个电子系统都具有自己的频带宽度(对信号最高频率的限制),频率特性反映出电子系统的这个基本特点。而滤波器则是根据电路参数对电路频带宽度的影响而设计出来的工程应用电路。

5.5.2.2 现代滤波

用模拟电子电路对模拟信号进行滤波,基本原理就是利用电路的频率特性实现对信号中频率成分的选择。频率滤波时把信号看成是由不同频率正弦波叠加而成的模拟信号,通过选择不同的频率成分来实现信号滤波。现代滤波包含以下几种。

(1)当允许信号中较高频率的成分通过滤波器时,这种滤波器叫做高通滤波器。

(2)当允许信号中较低频率的成分通过滤波器时,这种滤波器叫做低通滤波器。

(3)设低频段的截止频率为 f_{p1},高频段的截止频率为 f_{p2}。1)频率在 f_{p1} 与 f_{p2} 之间的信号能通过,其他频率的信号被衰减的滤波器叫做带通滤波器。2)反之,频率在 f_{p1} 到 f_{p2} 的范围之间的信号被衰减,之外能通过的滤波器叫做带阻滤波器。

理想滤波器的行为特性通常用幅度-频率特性图描述,也叫做滤波器电路的幅频特性。

5.5.2.3　滤波问题及分类

对于滤波器，增益幅度不为零的频率范围叫做通频带，简称通带，增益幅度为零的频率范围叫做阻带。例如对于 L_p，从 $-\omega_1$ 到 ω_1 之间，叫做 L_p 的通带，其他频率部分叫做阻带。通带所表示的是能够通过滤波器而不会产生衰减的信号频率成分，阻带所表示的是被滤波器衰减掉的信号频率成分。通带内信号所获得的增益，叫做通带增益，阻带中信号所得到的衰减，叫做阻带衰减。在工程实际中，一般使用 dB 作为滤波器的幅度增益单位。

按照滤波是在一整段时间上进行或只是在某些采样点上进行，可分为连续时间滤波与离散时间滤波。前者的时间参数集 T 可取为实半轴（0，∞）或实轴（$-\infty$，∞）；后者的 T 可取为非负整数集 $\{0, 1, 2, \cdots\}$ 或整数集 $\{\cdots, -2, -1, 0, 1, 2, \cdots\}$。设 $X = \{X, t \in T\} = \{Y, t \in T\}$ 有穷，即其中 X 为被估计过程，它不能被直接观测；Y 为被观测过程，它包含了 X 的某些信息。用表示到时刻 t 为止的观测数据全体，如果能找到其中一个函数 X_t，使其均方误差达到极小，就称为 X_t 的最优滤波；如果取极小值的范围限于线性函数，就称为 X_t 的线性最优滤波。可以证明，最优滤波与线性最优滤波都以概率 1 唯一存在。

为了应用和叙述的方便，有时还把上面的定义更细致地加以分类。设 τ 为一确定的实数或整数，且考虑被估计过程。只有当 $\tau=0$ 时滤波器才是最优滤波，而 $\tau<0$ 为滤波器的预测或外推，此时滤波器存在误差，$\tau<0$ 为滤波器的平滑或内插，此时存在均方误差，而统称这类问题为滤波问题。滤波问题的主要课题是研究对哪些类型的随机过程 X 和 Y，可以并且如何用观测结果的某种解析表示式，或微分方程，或递推公式等形式，表达出并研究它们的种种性质。此外，上面所指的一维随机过程 X、Y，都可以推广为多维随机过程。

5.5.3　锁相放大器

锁相放大器（也称为相位检测器）是一种可以从干扰极大的环境（信噪比可低至 -60dB，甚至更低）中分离出特定载波频率信号的放大器。Lock-in 放大器是由普林斯顿大学的物理学家罗伯特·H. 迪克发明的。

锁相放大器技术于 20 世纪 30 年代问世，并于 20 世纪中期进入商业化应用阶段，这种电子仪器能够在极强噪声环境中提取信号幅值和相位信息。锁相放大器采用零差检测方法和低通滤波技术，测量相对于周期性参考信号的幅值和相位。锁相测量方法可提取以参考频率为中心的指定频带内的信号，有效滤除所有其他频率分量。如今，市面上最好的锁相放大器具有高达 120dB 的动态储备，意味着这些放大器可以在噪声幅值超过期望信号幅值百万倍的情况下实现精准测量。几十年来，随着科技的不断发展，研究人员已经针对锁相放大器研发出诸多不同的应用方法。如今的锁相放大器主要用作精密交流电压仪和交流相位计、噪声测量单元、阻抗谱仪、网络分析仪、频谱分析仪以及锁相环中的鉴相器。相关研究领域几乎覆盖了所有波长范围和温度条件，例如全日光条件下的日冕观测、分数量子霍尔效应的测量或者分子中原子间键合特性的直接成像，锁相放大器的功能极其丰富多样。与频谱分析仪和示波器一样，锁相放大器不可或缺，已经成各种实验室装备中的核心工具，比如物理、工程和生命科学等。

锁相放大器是根据正弦函数的正交性原理工作的。具体来说，就是当一个频率为 μ 的正弦函数与另一个频率为 ν 的正弦函数相乘，然后对乘积进行积分（积分时间远大于两个函数的周期），其结果为零。如果 $\nu = \mu$，并且两个函数是同相位的，则平均值等于幅值乘积的一半。

5.6 真空技术

5.6.1 舱体设计

真空舱体即在炉腔这一特定空间内利用真空系统（由真空泵、真空测量装置、真空阀门等元件经过精心组装而成）将炉腔内部分物质排出，使炉腔内压强小于一个标准大气压，炉腔内空间从而实现真空状态，这就是真空炉。

在金属罩壳或石英玻璃罩密封的炉膛中用管道与真空泵系统连接。炉膛真空度可达 $133 \times (10^1 \sim 10^2)\,\text{Pa}$。炉内加热系统可直接用电阻炉丝（如钨丝）通电加热，也可用高频感应加热。最高温度可达 3000℃ 左右。主要用于陶瓷烧成、真空冶炼、电真空零件除气、退火、金属件的钎焊，以及陶瓷-金属封接等。加热系统具有如下特点：

（1）完全消除了加热过程中工件表面的氧化、脱碳，可获得无变质层的清洁表面。这对于那些在刃磨时仅磨一面的刀具（如麻花钻磨削后使沟槽表面的脱碳层直接暴露于刃口）切削性能的改善极大。

（2）对环境无污染，不需进行三废处理。

（3）炉温测定、监控精度明显提高。热电偶的指示值与炉温温度达到 ±1.5℃。但炉内大批工件不同部位的温差较大，若采用稀薄气体强制循环，仍可控制在 ±5℃ 温差范围内。

（4）机电一体化程度高。在温度测控精度提高的基础上，工件移动、气压调节、功率调节等均可预先编程设定，按步骤实施淬火和回火。

（5）能耗显著低于盐浴炉。现代先进的真空炉加热室采用优质隔热材料制成的隔热墙和屏障，可将电热能量高度集中于加热室内，节能效果显著。

真空炉即真空热处理炉，根据应用设备来区分，大概包含以下几种：

真空淬火炉、真空钎焊炉、真空退火炉、真空加磁炉、真空回火炉、真空烧结炉、真空扩散焊炉、真空渗碳炉等。

真空炉按加热方式分为真空电阻炉、真空感应炉、真空电弧炉、真空自耗电弧炉、电子束炉（又称电子轰击炉）和等离子炉等。真空感应炉一般由主机、炉膛、电热装置、密封炉壳、真空系统、供电系统、控温系统和炉外运输车等组成。密封炉壳用碳钢或不锈钢焊成，可拆卸部件的接合面用真空密封材料密封。为防止炉壳受热后变形和密封材料受热变质，炉壳一般用水冷或气冷降温。炉膛位于密封炉壳内。根据炉子用途，炉膛内部装有不同类型的加热元件，如电阻、感应线圈、电极和电子枪等。熔炼金属的真空炉炉膛内装有坩埚，有的还装有自动浇注装置和装卸料的机械手等。真空系统主要由真空泵、真空阀门和真空计等组成。

5.6.2　真空测量

5.6.2.1　电阻规

电阻真空计即采用电阻技术的真空计，一般先校准零点，再进行满度校准。低温的气体分子碰撞高温固体时，会从固体夺取热量。通过被气体分子夺取的热量来计算压力的真空计称为热传导真空计。热传导真空计主要应用于中低真空领域。代表性的热传导真空计包括皮拉尼真空计和热电偶真空计。

世界著名真空企业在皮拉尼真空计的生产工艺上采用白金丝代替传统灯丝，大大提高了产品稳定性。稳定性的提高使得皮拉尼真空计获得更为广泛的应用。随着真空技术的普及，其大量应用于单晶炉设备，满足光伏行业基础单晶硅生产；应用于节能灯毛管排气台，解决了以往由于火花检漏仪打火和高温造成的真空计死机问题。如果大家仔细观察很多现代真空技术生产线设备，会发现这种Tamagawa真空计小部件，应用广泛。真空设备已经随着商业工业进步，走进平常生活紧密相关的领域。

皮拉尼真空计构造：金属圆筒内部设有一白金细线，两端连接电极。电极给白金细线提供电流时，白金细线会发热，气体分子碰撞白金细线或热辐射或通过固体热传导等方式，白金线的热量会被夺走。单位时间内以上3种方式夺走的热量为Q_g，Q_r，Q_s，则平衡状态下满足下面公式：

$$Q = I^2R = Q_g + Q_r + Q_s \tag{5-14}$$

式中，Q为单位时间细线放出的热量；R为细线的电阻；I为细线的电流。

气体的平均自由行程比细线的直径大很多时，Q_g通过自由分子的热传导被表示为

$$Q_g = \alpha^\pi da(T - T_0)p \tag{5-15}$$

式中，T和T_0分别为细线和金属圆筒的温度；p为气体压力；a为细线长度。剩

下的 Q_s 和 Q_r 可以分别表示如下：

$$Q_s = S\kappa(T - T_0)/L \tag{5-16}$$

$$Q_r = \pi da\sigma\varepsilon(T_4 - T_{04}) \tag{5-17}$$

式（5-16）是电极的热传导。式中，S 为细线的断面面积；κ 为固体的传导率；L 为电极的长度。

式（5-17）代表热辐射，σ 和 ε 分别被称为常数和固体辐射率。如果保持 T 和 T_0 一定，则 Q_s 和 Q_r 为常数。如果用 $I_{02}R$ 表示一定量的固体热传导和热辐射，则式（5-14）可以表示为

$$I^2R = Ap + I_{02}R \tag{5-18}$$

$$A = \alpha^\pi da(I - I_0) \tag{5-19}$$

式中，I_0 为压力是 0 时流过细线的电流，弥补了固体热传导和热辐射而带来的热量损失；A 为不依存压力的定数，如果已知细线的电阻 R、电流 I_0 及定数 A，则可以通过式（5-18）求得压力 P。

电阻真空计一般先校准零点，再进行满度校准。

（1）校准零点。校准零点需对被测真空系统抽真空，一旦电离规测得真空度高于 1.0^{-1}Pa（如 9.9×10^{-2}Pa），按"校零"按钮，对应指示灯亮或快速闪烁，真空计自动校正零点，当显示 1.0^{-1}Pa 时，表示规管零点已校准。对于无自动零点校准的电阻真空计，可通过操作面板上的电位器旋钮手动调整。

（2）满度校正。校准完零点后，需对其满度校正。按满度校正过程要求，对被测炉腔放入大气，确保被校电阻规所测位置为大气状态，在大气压下工作约 10min。按"满度"按钮，对应指示灯亮或快速闪烁，真空计自动校正满度，当显示 1.0^5Pa 时，表示规管满度已校准。对于无自动满度校准的电阻真空计，可通过操作面板上的电位器旋钮手动调整。

5.6.2.2 电离规

电离真空计是基于在一定条件下，待测气体的压力与气体电离产生的离子流呈正比关系的原理制作的真空测量仪器。由筒状收集极，栅网和位于栅网中心的灯丝构成，筒状收集极在栅网外面。热阴极发射电子电离气体分子，离子被收集极收集，根据收集的离子流大小来测量气体压强。在低压强气体中，气体分子被电离生成的正离子数与气体压强成正比。

按照离子产生的方法不同，利用热阴极发射电子使气体电离的真空计叫热阴极电离真空计。热阴极电离真空计由热阴极规管和测量仪器组成。测量仪器由规管工作电源、发射电流稳压器、离子流测量放大器等组成。热阴极电离规管与被测真空系统相通。热阴极电离规管是一个三极管，管内有阴极、栅极和收集极。收集极电位相对于阴极电负电位；栅极相对于阴极电正电位。当电离规管通电加

热后，阴极发射电子，在电子到达栅极的过程中，与气体分子碰撞产生正离子和电子的电离现象。当发射电流一定时，正离子数目与被测气体压强成正比。正离子被收集极收集后，经测量电路放大，由批示电表读出所要测量的真空度。

真空系统暴露大气后，电离规玻璃泡和电极表面会吸附很多气体，在真空环境下，气体又被释放出来，影响测量精度。为消除这种影响，在测量前必须对规管进行除气。电离规管除气采用烘烤方法，即给灯丝和栅极可分别通电加热，板极则采用高频感应加热或电子轰击，使气体在测量前被释放出来。一般电离真空计都具有除气功能，当真空度大于 1×10^{-2} Pa 时，按说明书要求对电离规管进行除气。这种真空计主要用于测量高真空度。

电离真空计有热阴极电离真空计、冷阴极电离真空计、放射性电离真空计。

真空计按测量性质可分为绝对真空计和相对真空计。所谓绝对真空计就是通过测量物理量本身确定压力的一种真空计，例如 U 型压力计、压缩式真空计就是绝对真空计。通过测量与压力有关的物理量并与绝对真空计比较来确定压力的真空计称为相对真空计。我们校准的电离真空计、电容薄膜真空计、热传导真空计都是相对真空计。

电离规管的结构为一个圆筒型三极管，它有 3 个电极：阴极 f 发射电子，栅极 a 加速电子，收集极 c 收集离子。一般阴极加零电位，栅极加正电位，收集极加负电位。它的优点主要是能够测量气体与蒸气的全压强；反应迅速，可连续读数和远距离控制；量程宽，线性好，测量精度较高。缺点主要是在压强高于 10^{-1} Pa 时，灯丝容易氧化，一旦系统突然暴露大气会烧坏规管；玻壳、电极的放气导致测量的误差。

5.6.3　真空泵

5.6.3.1　机械泵

机械泵，即机械真空泵，是制造真空的一种机械，它可以把一个密闭的或半密闭的空间中空气排出或者吸收，达到局部空间的相对真空。常见的真空泵有往复式真空泵、水环泵、分子泵、旋片式真空泵、活塞式真空泵、摇摆活塞式真空泵、隔膜式真空泵、线性真空泵等，种类非常多。机械泵由电机和泵体两大部分组成。之所以称之为机械泵，是因为它是利用机械的方法，周期性地改变泵内吸气腔的容积，使容器中的气体不断地通过泵的进气口膨胀到吸气腔中，然后通过压缩经排气口排出泵外。改变泵内吸气腔容积的方式有活塞往复式、定片式和旋片式，分别称为往复式机械泵、定片式机械泵和旋片式机械泵。实际应用中，旋片式机械泵使用较多，现以旋片式机械泵为例说明其工作原理。

旋片机械泵的结构如图 5-15 所示，主要由圆柱空腔定子、偏心转子、旋片、弹簧、顶盖和排气阀等零件组成。偏心转子的顶端始终保持与泵体定子内腔接触，当偏心转子旋转时，始终沿定子的内壁滑动。转子上开有两个滑槽，分别安装一个旋片，中间有一个弹簧，当旋片随转子旋转时，借助弹簧张力和离心力，使两旋片紧贴在定子内壁滑动。整个空腔放在油箱内。

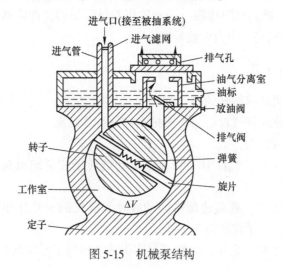

图 5-15　机械泵结构

　　两个旋片把转子、定子内腔和定盖所围成的月牙形空间分隔成 A、B、C 三个部分，分别叫做吸气腔、压缩腔和排气腔。当转子按图示方向旋转时，与进气口相通的空间 A 的容积不断地增大，A 空间的压强不断地降低，当 A 空间内的压强低于被抽容器内的压强，根据气体压强平衡的原理，被抽的气体不断地被抽进吸气腔 A，此时压缩腔 B 空间的容积正逐渐减小，气体压力不断地增大，同时与排气口相通的排气腔 C 的容积进一步地减小，排气腔 C 的空间压强进一步地升高，当气体的压强大于排气压强时，被压缩的气体推开排气阀，穿过油箱内的油层而排至大气中。如图 5-16 所示，在泵的连续运转过程中，不断地进行着吸气、压缩、排气过程，从而达到连续抽气的目的。显然转子的转速愈快，则泵的抽速愈大。机械泵的转速一般在 $450\sim1400\mathrm{r/min}$ 之间，因为转速太高，密封极为困难。排气阀浸在油里，以防止大气流入泵中。为保证吸气腔和排气腔之间不漏气，除保证紧密接触之外，还采用蒸气压力较低且有一定新的专用机械泵油，并使油通过泵体上的间隙、油孔及排气阀进入泵腔，使泵腔内所有运动的表面被油覆盖，形成了

图 5-16　叶片式分子泵

吸气腔与排气腔的密封。此外机械泵油还起着润滑和帮助在气体压强较低时打开排气阀门的作用。同时机械泵油还可充满一切有害空间，以消除它们对极限真空的影响。

上面讨论的机械泵只有一个转子，称为单级旋片式真空泵，它所能达到的极限压强为1Pa。为提高极限压强，通常采用双级泵结构，即将两个单级泵串联起来，可使极限压强达到 10^{-2}Pa 数量级。

5.6.3.2 分子泵

分子泵是利用高速旋转的转子把动量传输给气体分子，使之获得定向速度，从而被压缩、被驱向排气口后为前级抽走的一种真空泵。

这种泵具体可分为：

（1）牵引分子泵。气体分子与高速运动的转子相碰撞而获得动量，被驱送到泵的出口。

（2）涡轮分子泵。靠高速旋转的动叶片和静止的定叶片相互配合来实现抽气，这种泵通常在分子流状态下工作。

（3）复合分子泵。它是由涡轮式和牵引式2种分子泵串联组合起来的一种复合型的分子真空泵。

分子泵转子转速可达到20000r/min，故分子泵启动时间较长。气体处于分子流状态，故需要配备前级泵，一般使用旋片泵作为前级泵。

复合式分子泵是涡轮分子泵与牵引分子泵的串联组合，集两种泵的优点于一体。泵在很宽的压力范围内（$10^{-6} \sim 1$Pa），具有较大的抽速和较高的压缩比，大大提高了泵的出口压力。法国 Alcatle 公司生产的一种采用气体静压轴承和动密封的复合分子泵，可以做到完全无油，且不用前级泵直接向大气中排气。

复合式分子泵的形式很多，按结构分主要有两种：一种是涡轮叶片与盘式牵引泵的串联组合；另一种是涡轮叶片与筒式牵引泵的串联组合。涡轮级主要用来提高泵的抽速，一般采用有利于提高抽速的叶片形状，级数在10级以内。牵引级主要用来增加泵的压缩比，提高泵的出口压力。

盘式牵引级是在平板圆盘平面上按一定规律开出数条型线沟槽，然后将数块圆盘串接起来构成，型线有阿基米德螺线、对数螺线、圆弧线等。抽气时靠高速转动的圆盘对气体分子进行"拖动"，使其沿沟槽作由内向外及由外向内的往复折回的定向流动，从而达到抽气目的。

筒式牵引级是在圆筒形的转子或定子的圆柱面上开一定断面形状的沟槽，如矩形、圆弧形、三角形及其他形状的多头螺旋槽。由于筒式牵引泵型线沟槽开在转子圆柱外表面或泵体内表面上，可以充分利用圆柱外圆较高的线速度对气体分子进行动量传递，提高泵的抽气效果。在设计制造中，可以通过改变螺旋沟槽通道与抽气方向之间的夹角（螺旋升角）来达到较理想的抽气效果。

在复合分子泵的设计中，必须处理好涡轮级与牵引级之间的应配和衔接关系。由于涡轮级有较大的抽气面积，抽速很大，而牵引级沟槽抽气面积较小，在两种结构的连接处，由涡轮叶片压缩下来的气体分子的流动方式突然转变，使气体分子的运动在连接处由有序变成无序，使返流增加，抽气能力下降。因此，在设计时应在涡轮级和牵引级转换处加上过渡级结构，以提高泵的抽气性能。

5.6.3.3 升华泵（离子泵）

钛升华泵是靠新鲜钛膜的化学吸附作用抽气的真空泵。这种泵具有结构简单、抽速大、无油污染、抗辐射和无振动噪声等特点，启动压力为 $1 \sim 10^{-2} \, Pa$，工作压力范围为 $10^{-2} \sim 10^{-8} \, Pa$，是获得无油超高真空的重要真空泵。钛升华泵在电子器件、高能加速器、可控热核反应装置和空间模拟装置，以及表面物理试验等方面都得到了广泛的应用。

升华泵是一种用间断或连续方式升华蒸发吸气材料以达到抽气目的的捕集真空泵，如图5-17所示。升华泵的主要吸气材料是钛，钛升华泵从20世纪60年代后半期已被普遍应用。在小型系统中，钛升华泵往往作为增加溅射离子泵活性气体抽速和提高系统极限真空度的辅助泵。在大型真空系统（要求抽速10万升/s以上）中，则作为主泵。

钛升华泵（Ti升华泵）主要由泵体和升华器组成（见图5-18）。泵体材料为不锈钢，泵体高度与泵口直径之比一般为 $1 \sim 2$，采用水或液氮冷却。水冷却取大值，液氮冷却取小值。依使用的钛材形状和加热方式不同，升华器有多种

图5-17 升华泵（离子泵）

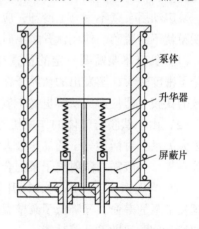

泵体

升华器

屏蔽片

图5-18 钛升华泵的原理结构

结构形式。钛升华泵（Ti 升华泵）的抽气机理是化学吸附。升华器升华的钛沉积在冷的泵体壁面上，形成新鲜的钛膜，对氮、氧和一氧化碳等活性气体有比较强烈的吸附作用，并形成氮化钛、碳化钛和氧化钛等稳定的化合物，但对惰性气体和甲烷几乎不吸附。钛膜吸附气体只能是单分子层的，在已吸附气体分子的位置上不能再吸附气体。因此，钛升华器必须不断地升华，使泵体壁面上不断地沉积新的钛膜，才能达到连续抽气的目的。钛升华泵为了克服钛升华泵吸附惰性气体差的缺点，通常把它与溅射离子泵（见吸气剂离子泵）配合使用或组合成复合钛泵，这样就可发挥各自的长处。钛升华泵的抽气速率大，离子泵能抽惰性气体和甲烷，可获得更低的极限压力。如先用能抽惰性气体氩和活性气体的分子筛吸附泵作为预真空泵，这 3 种泵组成机组，抽气时无油污染、无振动噪声，是获得无油超高真空的重要方法。评价钛升华泵的指标包括抽气速率和极限真空。

（1）抽气速率。钛的升华速率是决定其抽速的主要因素之一。若吸气面积足够大时，在一定的压强范围内，升华速率高，则泵的抽速大。钛膜的沉积速率与吸气量要适应，否则第一层钛膜吸气尚未饱和，第二层又覆盖上去，即使升华率很高，抽速增加也有限。为了维持恒定的抽速，减少钛的消耗，必须对升华率进行调节。真空度高时需降低升华率，真空度低时需增大升华率。

此外，吸气表面也决定抽速的大小，吸气面积越大，泵的抽速也越大。而泵口的流导也往往限制泵的抽速。因此在设计泵时，泵吸气面的总吸气能力要小于泵口的流导。

（2）极限真空。这种泵的极限真空与泵启动前的预真空有关，如果使用机械泵达到预真空，则该泵可达到 $10^{-4} \sim 10^{-5}$ Pa 的极限真空。如果用涡轮分子泵达到预真空，则可达到 $10^{-7} \sim 10^{-8}$ Pa 的超高真空。

泵启动后泵壁不宜马上冷却，应让升华的钛在其上沉积几分钟后再冷却，这样钛膜就不易脱落。使用钛升华泵时应注意：

（1）钛升华泵需要一定的预真空才能启用，原因是当气体压强较高时，气体分子密度较大，蒸发出的钛原子在空间飞行中同气体分子碰撞频繁而不能形成有效的钛膜，即使形成钛膜也易于氧化。

（2）由于钛膜与气体的作用机理属化学吸附，因此抽速与被抽气体的种类有很大关系，对活性分子的抽速最大，而对惰性气体不能吸附。它不能作为主泵抽除空气。一般需与溅射离子泵配合使用。

（3）当压强 $p < 10^{-4}$ Pa 时，钛升华器无需连续蒸钛，可间歇循环使用，这样既延长了泵的寿命，又降低了泵壁温度，利于抽气。在设计电源时，必须设计自动/时间可调/间歇循环等功能。

（4）为避免钛膜脱落，钛膜沉积面要经严格的化学清洗和电解抛光，第一次使用时必须彻底去气。

（5）每次使用时，一定要使钛沉积面冷却良好，否则钛膜附着不牢可能脱落，导致抽气效率降低。

（6）钛膜对 H_2 的溶解度很大。溶解在钛膜中的 H_2 容易释放出来，因此，H_2 常常称为影响极限真空的重要因素。所以在使用一段时间后，常需将泵体烘烤到300℃，以去除这类容易脱附的气体。

6 低温材料发射率测量

材料的光谱发射率是一个受波长、温度、材料表面状况、发射角以及辐射的偏振状态等众多因素影响的参数。在被测对象或样品确定的情况下，主要需要研究它与波长以及温度的关系。

随着辐射测温朝中低温方向拓展，环境辐射对光谱发射率测量的影响逐步显现出来。被测物体的温度越低，环境辐射的影响越大。目前，环境辐射的影响已成为辐射测温的研究热点，它对于准确地确定温度量值具有重要意义。

6.1 测量原理

要测量不透明材料的发射率，可以使用 3 种不同的方法：

（1）通过直接测量发射率 ε（定向或半球形，光谱或总发射率）；

（2）通过测量反射率 ρ，求得发射率 $\varepsilon = 1 - \rho$；

（3）通过量热法测量。

通过量热测量，可以获得总的半球发射率。这是一种相对简单的方法，可以在环境温度下实施并广泛使用，但是在以前的测量活动中，以及对于温度低于 100K 的情况，得知热泄漏漏出的热会引起与所关注的寄生现象数量级相同的寄生现象。

间接测量很可能是获得发射率的一个很好的选择，但由于要进行实验的涂层是沉积在金属基材上的电介质材料薄层，它们在远红外下变为半透明。这种现象在空气和金属涂层的界面处引起多次反射，导致这种 $\varepsilon = 1 - \rho$ 关系无效。于是得出结论，在这种情况下，直接测量发射率是正确的选择。

与检测器接收到的背景辐射相比，低温下样品发出的辐射非常微弱。为了最小化背景辐射，我们使用由液氮（77K）冷却的真空室。此外，我们使用带斩波器的锁相放大器调制来自真空腔内部的信号分量，消除外部背景辐射。当检测器看到斩波器的 2 个旋转刀片之间的样品时，信号就是样品本身发出的热辐射的总和，其中包括来自真空室所有部分的辐射（具有发射率 $\varepsilon_{\mathrm{w}} \approx 1$ 和等效辐射温度 $T_{\mathrm{w}} = 80\mathrm{K}$）反射到样品中，再加上光学元件发出的热辐射（具有发射率 ε_0，反射率 ρ_0 和温度 T_0）。当斩波器叶片（具有发射率 ε_{c} 和温度 T_{c}）隐藏样品时，检测器接收发射和反射的热辐射之和通过刀片，该值可以高于有用信号。锁相放大器计算上述两个信号之间的差。

上述所提出的方法是通过减去在两个不同的样品温度 T_A 和温度 T_B 下获得的信号进行操作。在相同的两个温度下测量样品和黑体的辐射，得到以下关系式。

（1）样品在温度 T_1 下的强度测量：

$$Ms_A = Cte^* (\varepsilon_{T_A} \rho_0 T_A^4 - \varepsilon_c \sigma T_c^4 + \rho_{T_A} \rho_0 \varepsilon_w \sigma T_w^4 - \rho_c \varepsilon_w \sigma T_w^4 + \varepsilon_0 \sigma T_0^4) \quad (6\text{-}1)$$

（2）在温度 T_2 下测量样品的强度：

$$Ms_B = Cte^* (\varepsilon_{T_B} \rho_0 T_B^4 - \varepsilon_c \sigma T_c^4 + \rho_{T_B} \rho_0 \varepsilon_w \sigma T_w^4 - \rho_c \varepsilon_w \sigma T_w^4 + \varepsilon_0 \sigma T_0^4) \quad (6\text{-}2)$$

（3）黑体在温度 T_1 下的强度测量：

$$Mb_A = Cte^* (\rho_0 \sigma T_A^4 - \varepsilon_c \sigma T_c^4 - \rho_c \varepsilon_w \sigma T_w^4 + \varepsilon_0 \sigma T_0^4) \quad (6\text{-}3)$$

（4）黑体在温度 T_2 强度测量：

$$Mb_A = Cte^* (\rho_0 \sigma T_A^4 - \varepsilon_c \sigma T_c^4 - \rho_c \varepsilon_w \sigma T_w^4 + \varepsilon_0 \sigma T_0^4) \quad (6\text{-}4)$$

正如检查的那样，光学组件的温度在测量期间不会发生变化，该项在所有方程式中均为 $\varepsilon_0 \sigma T_0^4$。对于 9 个未知参数，有四个方程。为了解决这个系统，可以使用几种方法，其优缺点取决于必须做出的假设。结合式（6-1）至式（6-4），得到以下公式。

$$\varepsilon_{T_B} = \varepsilon_{T_A} (T_A/T_B)^4 + [1 - (T_A/T_B)^4] \frac{M_{S_B} - M_{S_A}}{Mb_B - Mb_A} - (\rho_{T_B} - \rho_{T_A}) \varepsilon_w (T_A/T_B)^4$$

$$(6\text{-}5)$$

为了评估发射率，第一项和最后一项必须是已知或可忽略的。先前在 LEMTA 实验室对相同的普朗克样品进行的测量结果 ρ_λ 表明，T 在 40～300K 范围内几乎没有变化。这样的结果表明 $\rho_T \varepsilon_w \sigma T^4 = \pi \int_0^\infty \rho_\lambda(T) \varepsilon_w L_{\lambda, T_w}^0 \mathrm{d}\lambda$，在这种情况下 T 几乎保持恒定，即 $\rho_{T_A} \varepsilon_w T_w^4 \approx \rho_{T_B} \varepsilon_w T_w^4$，其中 L_{λ, T_w}^0 代表真空室温度 T_w 下黑体的亮度。这种弱温度依赖性对测量结果的影响将再进一步讨论。

注意：无论样品温度如何，信号的反射部分均归由于 80K 的腔室壁。在此温度下，最大辐射能量的波长为 37μm，光谱带 20～220μm 中包含约 97% 的能量。反射信号的光谱带也将如此，并且，如果假设 $\rho(\lambda, T)$ 不随 T 改变，则样品的总发射率随温度的变化仅归因于所测辐射能的光谱分布的变化。

此后，我们将用 $\rho_{T_A} = \rho_{T_B}$ 代入式（6-5）。然后，获得以下公式。

$$\varepsilon_{T_B} = (T_A/T_B)^4 \varepsilon_{T_A} + [1 - (T_A/T_B)^4] \frac{M_{S_B} - M_{S_A}}{Mb_B - Mb_A} \quad (6\text{-}6)$$

下面介绍两种求解该方程的方法。

（1）最低温度下的微分方法。为了消除发射率 ε_{T_A} 未知的第一项的影响，我们可以保持温度 T_A 不变获得测量结果（$T_{min} = 10K$）的最低温度。随着升高样品温度，$\left(\dfrac{T_{min}}{T_B}\right)^4 \ll 1$ 和式（6-6）迅速减少为

$$\varepsilon_{T_B} = \frac{M_{S_{T_B}} - M_{S_{T_{min}}}}{Mb_{T_B} - Mb_{T_{min}}} \qquad (6\text{-}7)$$

对于 T_B 接近的温度 T_{min}，假设结果的准确性在温度变化时很大程度上取决于 ρ_λ，但是当温度 T_B 高于 T_w 时，该假设就没有用了，因为 $\left(\dfrac{T_w}{T_B}\right)^4 \ll 1$。

（2）迭代微分法。在式（6-6）中，考虑之前测量步骤中样品的温度 T_A；$T_A = T_B - \Delta T$，由于 T_B 和 T_A 之间的差异仍然小于变量 1，因此应该更容易验证关于 $\rho(\lambda，T)$ 的假设。两个连续测量步骤的结果之间差异较小，该方法应对噪声更加敏感。

$\varepsilon_{T_A} \approx \varepsilon_{T_B}$ 代入式（6-5）变为

$$\varepsilon_{T_B} = \frac{M_{S_{T_B}} - M_{S_{T_B - \Delta T}}}{Mb_{T_B} - Mb_{T_B - \Delta T}} \qquad (6\text{-}8)$$

$\varepsilon_{T_A} \approx \varepsilon_{T_B}$ 是一个近似，结果将通过方程组（6-9）的迭代得到完善。

如果 $T_A = T_B - \Delta T$，则 T_{min} 是获得测量结果的最低温度，假设将 "j" 定义为迭代指标，则发射率的计算公式为

$$\left.\begin{array}{l} \text{if } j = 1 \\[2mm] \varepsilon_{T_B} = \varepsilon_{T_B} = \dfrac{M_{S_{T_B}} - M_{S_{T_B - \Delta T}}}{Mb_{T_B} - Mb_{T_B - \Delta T}} \\[5mm] \text{else if } 2 \leqslant j \leqslant \dfrac{T_B - T_{min}}{\Delta T} \\[5mm] \varepsilon_{(T_B)_j} = \left(\dfrac{T_B - \Delta T}{T_B}\right)^4 \varepsilon_{(T_B - \Delta T)_{j-1}} + \left[1 - \left(\dfrac{T_B - \Delta T}{T_B}\right)^4\right]\dfrac{M_{S_{T_B}} - M_{S_{T_B - \Delta T}}}{Mb_{T_B} - Mb_{T_B - \Delta T}} \end{array}\right\} \qquad (6\text{-}9)$$

最后一步是对发射率的最佳评估。通常，此变量应比变量 1 产生更好的结果，但对于嘈杂的测量结果则相反。

例如，确定 $\Delta T = 10K$ 和 $T_{min} = 10K$ 在 50K 下的发射率：

$$\text{for } j = 1$$

$$\varepsilon_{50_1} = \frac{M_{S_{50}} - M_{S_{40}}}{Mb_{50} - Mb_{40}}$$

$$\text{for } j = 2 \text{ to } 4$$

$$\varepsilon_{50_j} = \left(\frac{40}{50}\right)^4 \varepsilon_{40_{j-1}} + \left[1 - \left(\frac{40}{50}\right)^4\right]\frac{M_{S_{50}} - M_{S_{40}}}{Mb_{50} - Mb_{40}}$$

为了冷却样品，使用了两级氦制冷机。

6.2 系统设计

图 6-1 所示为系统结构总装示意图，低温发射率测量系统由 7 大部分组成，包括真空腔及泵组 a、辐射探测器 b、低温液氮罩 c、光路调整及斩波装置 d、液氮制冷剂 e、样品台 f 及制冷和控温装置 g。本方案预计实现 100~300K 温度区间样品的发射率测量，精度误差控制在±3%，主要降温依靠液氮，通过在真空环境精确测量角度发射率，然后通过仿真软件和微机系统调制降噪显示测量结果，由于设备中含有精密的探测器元件，要求测试环境恒温恒湿，防止空气中的水分和温度变化对低温设备和精密仪器造成不可逆的损伤。每次测试前检测设备环境清洁以及相关人员穿戴防护服避免低温冻伤，然后开机设备会自检，非人为因素可能导致测量的误差加大，所以这是必要步骤。待完成开机拿标准样品进行设备校准，然后再进行试验测试，测试期间尽可能不要到低温罐体和真空腔体附近，避免危险，测试人员专注测量结果的同时应该时刻保证设备的正常运行，如若出现问题可以在第一时间进行处置，最后，完成测试确保设备复位后关机离人。

图 6-1 系统结构总装

a—真空腔及泵组；b—辐射探测器；c—低温液态罩；
d—光路调整及斩波装置；e—液氮制冷剂；f—样品台；g—控温装置

6.2.1 真空腔体及泵组

如图 6-2 所示，为了承受大气压强在 $10^5 \sim 10^7$ 级别的大气压，腔体采用 304 不锈钢氩弧密封高强度焊接，顶部为球形增加受力，侧壁为环形增加强度，采用上下分离的设计方便更换样品和视窗检测，上盖与下盖密合时，在下盖法兰处开密封硅胶槽，方便硅胶圈和密封脂的安装，从而达到密封要求。在上盖开有视窗孔和探测孔，放气孔以及抽气孔都留有安装法兰，方便后期设备的安装。上盖的举升方式为双路同步丝杠螺母，目的是使举升平稳，减少设备的振动。泵组采用涡轮分子泵，涡轮级主要用来提高泵的抽速，一般采用有利于提高抽速的叶片形状，级数在 10 级以内。牵引级主要用来增加泵的压缩比，提高泵的出口压力。

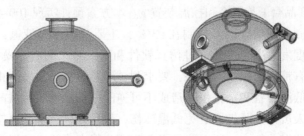

图 6-2　真空腔体示意图

在复合分子泵的设计中，必须处理好涡轮级与牵引级之间的应配和衔接关系。涡轮级有较大的抽气面积，抽速很大，而牵引级沟槽抽气面积较小，在两种结构的连接处，由涡轮叶片压缩下来的气体分子流动方式突然转变，气体分子在连接处的运动由有序变成无序，使返流增加，抽气能力下降。因此，在设计时应在涡轮级和牵引级转换处加上过渡级结构，以提高泵的抽气性能。

随着复合分子泵的不断改进，其应用领域越来越广，在某些抽气系统上可以替代扩散泵，缩短了系统的抽气时间，并可获得无油污染的清洁真空环境如图 6-3 所示。

图 6-3　复合真空分子泵

6.2.2　Bolometer 探测器

探测器采用 4.2K 标准辐射热探测器，图 6-4 和图 6-5 所示分别为产品实物图和剖视图，探测器主要进行辐射温度的数据采集，所以其探测精度直接决定测试结果的准确性。其主要参数如下。

图 6-4　4.2K 标准 Bolometer 探测器

标准 4.2K 辐射热计至少是 500HZ 的 3dB 的滚降频率，光谱范围为 15～2000μm，热导率为 0～16μW/K，电灵敏度为 2.4×10⁵V/W，NEP 为 2.5×10⁻¹³W；这其中涉及光学元件滤光片、电子产品 IRL LN-6C 型前置冷放大器等，而对探测器的使用温度为 500℃ 的黑体源进行测试，对斩波器进行 40Hz 到 500Hz 的调制，最后测试辐射热计的数据主要有：导热系数、电灵敏度、NEP、噪声等效功率、直流负载曲线以及 HDL5 杜瓦瓶中液氮的保存时间。

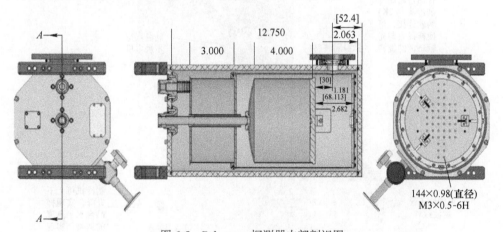

图 6-5　Bolometer 探测器内部剖视图

6.2.3　低温液氮罩

为了更加高效地制冷，以及杜绝真空腔体内空气与样品腔接触，低温液氮罩多为半球形，球形既保证隔热效果，又保证真空腔压力且对样品台不产生破坏，如图 6-6 所示。

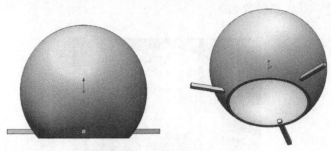

图 6-6 低温液氮罩

6.2.4 光路调整及斩波装置

辐射从样品台出发，经过扇形斩光片装置到离轴剖物镜发射 2 次，然后再经过一次反射进入探测器，离轴剖物镜的微调可以通过手动调节达到光路的传递。样品台材料为导热性能好的无氧铜，尺寸直径 25.4mm×50mm，顶端设计有 4mm 直径的黑体，下端依次可同时放置 4 个样品，样品直径 8mm，如图 6-7 所示。

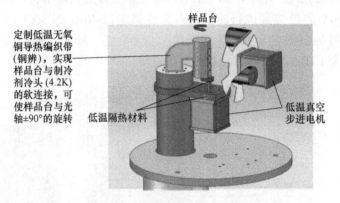

定制低温无氧铜导热编织带（铜辨），实现样品台与制冷剂冷头 (4.2K) 的软连接，可使样品台与光轴±90°的旋转

样品台

低温隔热材料

低温真空步进电机

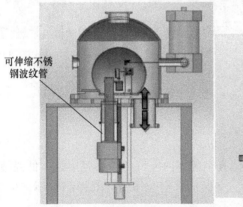
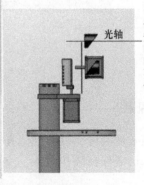

可伸缩不锈钢波纹管

光轴

制冷机可上下升降，实现样品台水平高度的调整，实现不同样品与黑体的切换

图 6-7 调节位置及斩波片安装示意图

6.3　光　路

发射率测量中光路的设计决定测量结果的效率和准确性，也是除外购部件外主要设计的部分，为了方便测量以及与其他部件的精密配合，主要用到的光学元件均是具有保护膜的镀金反射镜，包括 2 个离轴抛物镜（Off-axis Parabolic Mirror，PM）、一个椭圆反射镜（Elliptical Mirror，EM）及 Bolometer 中的圆锥反射腔（Conical Reflector，CR）。其中 PM 的目的是使光线聚集然后垂直角度反射，EM 的作用是平行、垂直反射辐射光，经过两次 PM 及一次 EM 的反射最终辐射到 CR 腔中，使其辐射光线均匀被探测器接受，如图 6-8 所示。

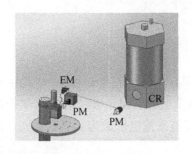
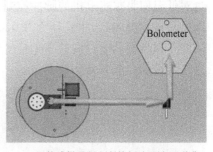
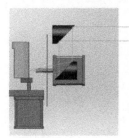

黑体或样品经辐射镜斩波后被PM收集，并以平行光反射至EM，经液氮保护罩的通光孔传输至PM$_2$，反射汇聚后入射至CR (Bolometer)

图 6-8　光路系统安装结构

其控制部分有样品台的样品旋转还有扇形调制片的电机配合转动，以上 2 部分根据实验数据要求可以用电脑控制，而光路中的 EM 和 PM 等反射镜均是设备安装完成后，根据设计要求精心调试的，所以要求最后安装调试后非专业人员禁止随意拨动调节旋钮。这两部分旋转电机长期处于低温液氮环境中，要求使用低温电机，选型如图 6-9 所示。

低温步进电机采用专业设计，它长时间在低温环境下运行，转子退磁现象可避免，极大地减少了扭矩的衰减；采用特殊材料，在极低温度（最低-200℃）稳定运行；定制化永磁体，特制漆包线，绝密采用特殊绝缘材料以及特殊的胶合剂，促成其在低温环境下稳定运行。

低温步进电机应用在太空实验室、极地设备、超洁净环境、液氮设备、军工、航空航天、设备制造业等领域，耐环境温度-200～40℃，图 6-10 所示为通

图 6-9　低温步进电机

过对低温伺服减速电机的脉冲控制，实现样品在法线方向和斜 45°方向进行发射率的测量，PMW 脉冲信号为 0.02s 的间隔发送，实现角度位移的精确控制。为了防止样品在运动时振动产生轻微位移，安装减速电机最为必要，而安装前还要进行大量的标准样检测校准。

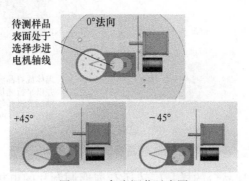

图 6-10　角度调节示意图

6.4　真空仓升降机构

真空腔体由不锈钢为主体，主要通过特种焊接密封焊接加工。为了真空强度考虑整体外壳抬升质量将近 50kg，再加外挂设备可能接近 60kg；为了排除误差及相关非人为因素影响，以 50% 的额外沉重为基准，最终设计载荷 90kg。同时考虑到设备紧急情况需要随时锁止，采用双丝杆螺纹副作为抬升装置，伺服减速电机作为驱动。作为对与之相应的自由度限制，并排排列两根硬质光轴将自由度限制为 Z 轴移动，这样必定会对加工、装配带来极高的要求。为了避免干涉尽可能在紧定孔位采用间隙配合调制抵消加工误差如图 6-11 所示。

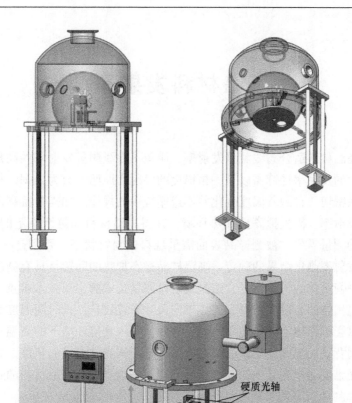

硬质光轴

图 6-11　举升装置装配示意图

7 高温材料发射率测量

部分高温材料适合离线测量发射率，避免了在线测量发射率的高昂成本。随机粗糙表面的发射率计算需以某一粗糙度的发射率原始参数为依据。材料发射率与温度关系密切，且随着温度变化并不遵循统一的规律。如需考察高温材料超高温状态的发射率，需模拟高温加热环境，并将高温材料加热至指定的工作温度。因发射率的测量需要，被测样品表面需呈现自由辐射状态，否则产生腔体效应，严重影响发射率测量结果的确定。高温样品稳态加热的问题是具有高次辐射非线性耦合热平衡系统的构建问题，这是发射率测量技术的主要技术难点。再者，为提高超高温黑体的有效发射率，腔体轴向尺寸布置较长，长时间温度交变产生的热应力严重影响黑体空腔的使用寿命；另外，密闭真空环境下的高温强热辐射必然加热封闭背景的温度，变温的辐射背景严重影响光谱测量的精度。解决以上超高温离线光谱发射率测量中的关键技术问题，并建立适合高温材料的超高温离线光谱发射率测量系统是本章的主要研究内容。

7.1 高温光谱发射率测量系统设计的技术指标

目前针对高温材料的光谱发射率测量方法多是应用在室温至1000℃的中温温度范围，而实际高温材料的工作温度范围高于这一温区，并在大气环境中直接测量。本书为了有效的研究高超音速飞行器高温材料在超高温区（1000~2400℃）的光谱辐射特性，对超宽温区的光谱发射率测量进行了总体设计，测量原理如图7-1所示。

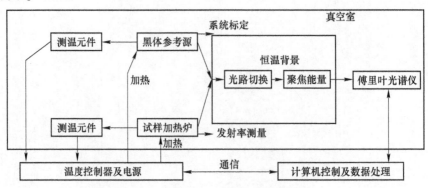

图 7-1　高温光谱发射率测量系统原理

图 7-1 中黑体参考源用来标定背景校准方程，在一系列温度点测量黑体的光谱辐射亮度，标定测量系统的光谱响应方程。在测量试样的光谱辐射亮度时，将光路切换至试样加热炉，在加热范围内测量任意温度点的光谱辐射亮度，无需使试样测温点与黑体测温点保持一致。采用计算机软件与温度控制器进行通信，控制加热的温度，使测量自动进行。黑体参考源和试样的实时温度通过测温单元，输出给温度控制器，温控器将测温单元反馈的温度信号传输至计算机，并通过PID 控温算法控制加热执行器的功率输出，达到定点控温的目的。当计算机软件判断样品或者黑体的温度稳定后，控制傅里叶光谱仪测量光谱，进行一下温度点的控温及光谱测量，最后计算控温过程中的样品的光谱发射率。

根据高温光谱发射率测量系统的原理，设计了系统的主体结构，如图 7-2 所示。

系统的主体结构包括高温黑体炉、高温试样炉、中温黑体炉、中温试样炉、光学恒温背景、傅里叶光谱仪等。图 7-2 中所示的状态为试样高温发射率测量状态，若将光学恒温背景结构通过导轨下移至中温炉位置，系统则为中温发射率测量状态。建立的系统实物照片如图 7-3 所示。

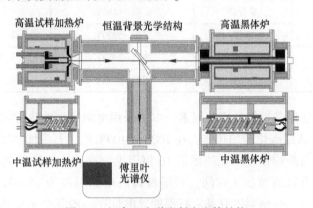

图 7-2　超高温光谱发射率主体结构

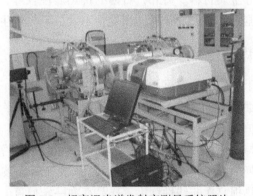

图 7-3　超高温光谱发射率测量系统照片

7.2　试样加热源

根据发射率定义的能量比较法，测量材料某温度 T 状态下的发射率，需将试样加热至温度 T，并测得温度 T 状态下试样的辐射亮度。采用加热方式将被测辐射样品加热到所需温度，根据高温材料实用温区，将加热源分为 2 部分，中温加热源的设计形式为中温加热炉，温度范围室温~1000℃，高温加热源的设计形式为高温加热炉，温度范围为 1000~2400℃。

7.2.1　加热方式和加热体的选择

表 7-1 列出了几种高温加热方式、加热体的选择和适用范围。

表 7-1　常用加热方式及加热体

加热方式	加热体	温度范围	加热特点
导体自热	电阻丝	室温~1000℃	温度上限低、成本低
	碳纤维	室温~1000℃	温度上限低、成本低
	碳化硅	室温~1450℃	耐氧化
	石墨	室温~3000℃	大电流、真空或气体保护
微波	导体	室温~2000℃	特殊加热电源
激光	导热体	室温~5000℃	大功率激光器

综合考虑适用条件和价格等因素，本书采用电阻直接加热方式，在中温区室温至 1000℃，选用碳化硅加热体；在 1000~2400℃ 选用石墨加热体。碳化硅单位面积的功率载荷是镍铬金属加热丝的 16 倍以上，在较小的体积内可以获得更大的加热功率，有效缩短加热时间。石墨材料的熔点温度为 3850℃，热膨胀系数小，随温度升高，机械强度升高。石墨的导电性比一般非金属矿高 100 倍，导热性超过钢、铁、铅等金属材料。另外，石墨的抗热震性较好，由于石墨的热膨胀系数小，在承受较剧烈的温度变化时体积变化不大，不易产生裂纹。

7.2.2　中温试样加热炉

中温试样炉用于加热工作温度 100~1000℃ 的中温试样。热辐射测量试样的加热特点为试样表面呈现自由辐射状态，需对加热试样的半球空间采取高温措施。中温试样加热炉的结构如图 7-4 所示。

测热辐射样品与加热体和空间背景组成热交换系统，因存在样品表面的辐射散热，所以该热交换系统为稳态非线性热平衡系统。随着被加热试样的温度升高，试样表面辐射热损高次非线性增大。样品存在一定厚度，并且与发热体间存在一定热阻，实际上发热体需要至少1200℃以上的温度才能够将样品表面的温度加热至1000℃。

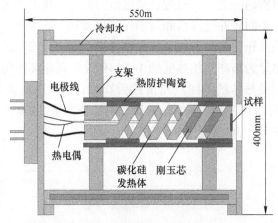

图 7-4　中温试样加热炉结构

若采用铁铬铝电阻丝作为发热载体，该金属丝承载温度最高为1250℃，长时间加热至上限时，金属晶相会发生变化，金属严重脆化；另外，试样规定为φ30mm 的小尺寸圆片，所有高温难熔金属加热丝在如此小的试样背侧，均难以绕制为 20~30Ω 负载的理想阻值。理想阻值是从市电 220V 的电源电压和负载回路流经的电流值考虑的，若直接以交流 220V 为加热电源，负载阻值为 20~30Ω 时，负载回路电流为 7~11A；采用铜芯截面积大于 4mm^2 的 BVR 软线足以保证散热。另外，电阻率较小的金属加热丝导致 PID 控温的往复震荡性，难以使辐射样品温度稳定在控温精度内。

综合考虑以上因素，中温试样加热炉的发热体结构采用 SiC 掺杂双螺纹管结构。该螺纹管采用 SiC 掺杂工艺进行电阻配比，螺纹管在常温条件下的电阻值约为 25Ω，上限电压为交流 220V，上限电流约为 8A，上限加热功率时的温度为1450℃，足以满足中高温 100~1000℃ 的加热要求。在 SiC 螺纹管内部放置刚玉靶心，增加热容并将热量传导至样片。采用 II 级精度的铂铑-铂 S 型热电偶测量样品的温度。刚玉靶心与 SiC 螺纹管采用高温硅酸盐胶泥粘合固定，SiC 螺纹管的外层配以屏蔽热辐射的陶瓷管隔热管，降低辐射散热效率。

7.2.3　高温试样加热炉

因为存在热辐射的热平衡系统具有高度的非线性，测量材料高温发射率的加热炉是测量系统技术实施的难点之一。试样的被测辐射表面需呈单面加热的自由辐射状态，辐射面周围需避免存在其他辐射源。设计的超高温试样加热炉体结构如图 7-5 所示。

设计了新颖的超高温样品加热结构，如图 7-5 所示。在有限的炉体护热空间内，设计了可长期使用的一体结构发热体，该结构有效降低加热和降温过程中热震现象对加热体结构的破滑行。通过石墨电阻的配比，将石墨发热结构设计为超高温加热等温区、中间缓冲过渡区和低温冷却区如图 7-6 所示。中间过渡缓冲区的石墨发热体的截面积为超高温加热区发热体截面积的 1/2，那么中间过渡缓冲区的电阻率和发热量为超高温加热区的 1/2，有效提高超高温等温区与低温冷却区的温度差。石墨发热体的电阻测量值约为 0.01Ω，采用斯蒂芬-玻耳兹曼定律估计了 2400℃ 样品加热时发热体结构的热辐射功率约为 30kW。为满足加热功率要求，采用 24V 低压，50kW 大功率变压器对其供电。

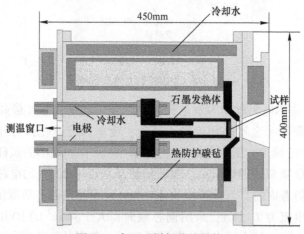

图 7-5　高温试样加热炉结构

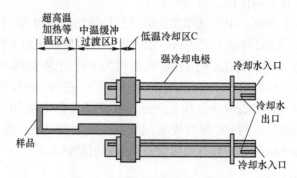

图 7-6　超高温加热器核心结构

发热体的背部结构用于测温，发热体相对于试样的背侧开有圆柱形小孔，形成测温腔体，使腔体的有效发射率近似等于 1，采用辐射测温法测量发热体的真温。因发热体在超高温加热等温区的等温带较长，可认为发热体与试样接触的区域为等温状态。由于样品较薄，最厚为 2mm，样品前后表面间的温度梯度可近似忽略。

石墨发热体与铜棒冷却电极之间采用无间隙配合方式，以减小石墨与铜棒电极之间的接触热阻，降低对冷却水压力的要求。发热体与铜棒电极圆周端面接触，在石墨发热体与电极接触的周向一侧开有 2mm 的狭缝，避免因高温石墨和铜棒的热膨胀系数不同导致石墨胀裂情况的发生。铜棒电极为空心状，内部置有两根紫铜导流管，长导流管为入水管，入水管将高压冷却水喷入铜棒电极的顶端。顶端附近铜棒电极与石墨发热体的接触热电阻较大，所以铜棒电极顶端附近的温度较高，需优先冷却。出水导流管较短，放置在铜棒电极出水端面处，冷却水流经整个铜电极，使铜极充分冷却。与试样辐射面距离较近处放置防热罩，防热罩中心处开有圆形孔，使试样呈自由辐射状态。整个加热结构的周向设计了一层填充碳毡夹层的石墨结构护热层，与高温石墨加热结构进行辐射热交换，减小热流的损失，并降低外层不锈钢炉体的冷却压力。

7.3　高温辐射样品的表面温度分析

7.3.1　样品表面温度的理论估计

在物体高温光谱发射率测量问题中，样品需加热至高温，具有特殊性。若样品是电的绝缘体，则不采取直接通电方式加热；其次，样品辐射表面需呈现自由辐射状态，即样品辐射面半球空间不能存在高温热源，否则会对光谱辐射测量带来强干扰。同时，高温样品的测温问题与发射率测量密切相关。一般高温物体的测温均采用辐射测温方式，辐射测温的优点是测温无上限且不影响被测物体的温度场。然而，若直接采用辐射测温方式测量样品温度，测得的温度不是物体的真实温度，因为物体的辐射特性是不同的；若在样品表面制备小口径空腔，可近似测量样品温度，然而，试样需特殊制备，尺寸较大，等温性也难以保障。综合以上问题的考虑，本书针对高温样品的温度测量问题，建立了基于传热模型和辐射测温的高温样品温度测量模型，该模型可精确测量样品表面的温度，并且可对不同材料的样品引起的表面温度变化进行定量分析。建立的高温样品表面温度的一维传热物理模型如图 7-7 所示。

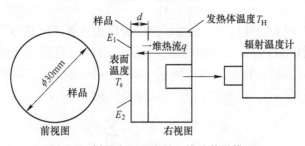

图 7-7　样品表面温度的一维热传导模型

　　该物理传热模型具有通用性，结构简单并易于实现。首先分析该模型的物理传热状态，发热体 H 为电极石墨，通电流后将产生热量，并以热流 q 的形式，将热量传递给试样 S，并使其发热。试样 S 以热辐射的形式向空间辐射热流 E_1，并接受空间的辐射热流 E_2，最后试样 S 将达到热平衡。发热体 H 因其自发热，可近似认为是等温体。这样，在发热体 H 的背侧开孔，形成腔体效应，采用辐射测温计测量腔体的辐射温度，并根据腔体尺寸计算腔体的空腔有效发射率 ε_a。这样，可精确测得发热体 H 的温度，并通过该模型计算试样表面 S 的温度。基于上述原理，建立一系列关于样品表面温度 T_S 的计算公式。

　　根据热流的传递方向，建立关于样品表面温度 T_S 一维传热方程。

$$T_H - T_S = q\frac{d}{\kappa} \tag{7-1}$$

式中，T_H 为发热体 H 的温度，K；q 为流经样品的一维热流，W/m²；d 为样品 S 的轴向厚度，m；κ 为样品材料的热导率，W/(m·K)。

　　这一方程表述了加热样品时，因一维热流加热，前后表面之间产生温度梯度，该温度梯度由样品厚度 d 和样品热导率 κ 引起。

　　样品受到一维热流 q 使其加热的同时，样品表面向空间辐射热流 E_1，并吸收来自空间背景辐射的热流 E_2，那么，样品实际向空间辐射的有效热流 E 可应用斯蒂芬-玻耳兹曼定律的形式表述。

$$E = E_1 - E_2 = \varepsilon\sigma(T_S^4 - T_{amb}^4) \tag{7-2}$$

式中，ε 为样品表面的半球总发射率；T_S 为样品表面的温度，K；T_{amb} 为空间背景的温度，K；σ 为斯蒂芬-玻耳兹曼常数，$\sigma = 5.670 \times 10^{-8}$W/(m²·K⁴)。

　　基于能量守恒定律，对样品建立能量守恒方程：

$$q = E \tag{7-3}$$

　　这样，建立了关于样品表面 T_S 的传热系列方程，通过测量该方程中的其他参量，可计算样品表面温度 T_S。其中发热体温度 T_H 采用辐射测量方法得到，具体方法是测量发热体 H 背面小孔的空腔的辐射亮温 T_L，并根据物体真温 T_H 与辐射亮温 T_L 的方程计算得到发热体的真温 T_H。

$$\frac{1}{T_H} - \frac{1}{T_L} = \frac{\lambda}{c_2}\ln\varepsilon \tag{7-4}$$

　　已知腔体材料和腔体尺寸，通过黑体空腔理论计算得到腔体空腔有效发射率 ε_a。本书中腔体结构为常用的圆柱形，并假设空腔的等温和漫反射条件，该简单腔型的计算方法较为成熟，本书依据 Monte-Carlo 黑体空腔发射率计算方法计算得到有效发射率 ε_a，角系数 F_i 可通过查表得到。

$$\varepsilon_a = 1 - \rho_a = 1 - \sum_{i=1}^{\infty} F_i r^i \tag{7-5}$$

式中，ρ_a 为空腔法向入射半球散射的反射率；F_i 为入射光线在逃逸出腔口之前，在腔体内 i 次镜-漫反射的系数。

在该模型中，通过测得发热体的温度 T_H，并将其他参量带入到模型中，即可得到样品表面的温度 T_S。对于不同材料的样品，能够影响样品表面温度 T_S 测温精度的参数有样品的热导率 κ 和样品表面的半球总发射率 ε，这两个参数若能够采用其他方法测得到，那么就可以对它们进行精确测量。

7.3.2 样品温度测量误差对光谱发射率测量结果的影响

本书研究的发射率测量方法基于能量比较法，分别测量同一温度和同一条件下的样品和黑体的辐射能量，两者的比值即为该样品的发射率。如果样品的温度不等于黑体的温度，那么测量到的发射率值将偏离真值；或者样品表面温度的测量精度不高也会导致发射率值测量不准确。另外，物体的发射率与温度存在依赖关系，即物体在不同温度下的发射率是有所差别的，所以无论从发射率的测量准确性还是从发射率与温度的依赖关系考虑，被测样品温度的测量准确性是需要重点研究的问题。

当样品处于高温区时，采用辐射测温的方法是合理的，首先辐射测温不影响温场的分布；再者，在高温区域，辐射测温的温标传递精度高。然而，高精度的辐射测温需要获知被测目标的发射率值或者采用辅助方法修正发射率。所以，本书所需要研究的问题是如何采用辐射测温方法准确测量样品表面的温度。

在样品发射率测量的过程中，需要对样品加热到指定温度，并达到稳定状态。样品的温度受到加热源热流的影响使其温度升高，需要综合考虑热源与样品之间的换热关系。样品表面需呈自由辐射状态，需要在样品背面进行加热。样品自身由于材料的物理性质，在一定厚度下，因材料固有的热导率因素，样品前后表面会产生温度差。在达到热平衡后，热源传递到样品背面的热流在样品背面以热辐射的形式辐射到空间中，同样样品表面也接收来自背景空间的辐射能。综合以上考虑，本书建立了高温样品温度的辐射测温模型，并对影响测温精度的因素逐一分析。

根据物体光谱发射率的定义和普朗克定律，有

$$\varepsilon = \frac{L_s}{L_b} = \frac{L_s}{\dfrac{c_1}{\lambda^5(e^{c_2/\lambda T} - 1)}} \tag{7-6}$$

式中，L_s 为物体在温度 T 状态下的光谱辐射亮度；c_1，c_2 分别为普朗克定律中的第一辐射常数和第二辐射常数。

根据辐射亮温的定义，L_s 可表达为

$$L_s = \frac{c_1}{\lambda^5(e^{c_2/\lambda T_i} - 1)} \qquad (7\text{-}7)$$

式中，T_i 为波长 λ 对应的辐射亮温。

在式（7-4）中，将函数 ε 对变量 T 求导数，可得

$$\frac{\Delta\varepsilon}{\varepsilon} = \left| \frac{c_2/\lambda T}{\exp(-c_2/\lambda T) - 1} \right| \frac{\Delta T}{T} \qquad (7\text{-}8)$$

式中，ε 为样品的光谱发射率；$\Delta\varepsilon$ 为因样品测温误差 ΔT 引起的光谱发射率测量误差；λ，T 分别为考察的波长和样品的实际温度。

考察的温度设定为 $T = 500℃$、$T = 1000℃$、$T = 1500℃$ 和 $T = 2000℃$，测温误差分别取 $1\% T$、$2\% T$、$\cdots$、$10\% T$，考察的波长 λ 范围选取 $1{\sim}20\mu m$，忽略波长对样品发射率的影响，设发射率 $\varepsilon = 0.8$，由样品表面温度测量误差 ΔT 引起的发射率测量误差 $\Delta\varepsilon$ 的计算结果如图 7-8 所示。

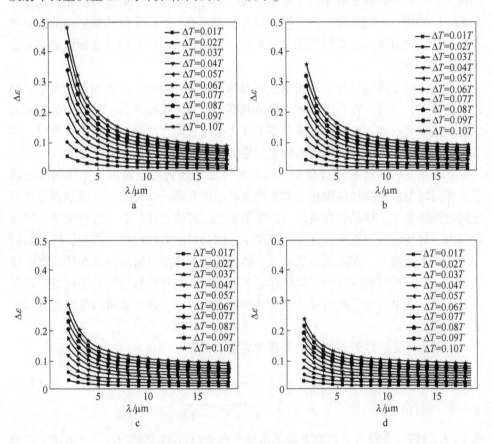

图 7-8　温度引起的光谱发射率测量误差

a—$T = 500℃$；b—$T = 1000℃$；c—$T = 1500℃$；d—$T = 2000℃$

从图 7-8 的计算结果可见，随着温度 T 升高，相同样品温度测量误差 ΔT 对样品发射率测量结果的影响减小，说明在高温状态下的发射率测量中，相同百分比温度升降的测量误差对发射率测量结果的影响，相比低温状态下发射率测量误差减小。

样品在温度 T 状态下，波长 λ 越小，光谱发射率测量结果受到样品温度测量误差 ΔT 的影响越大，反之，波长 λ 越大，发射率测量结果受到样品温度测量误差 ΔT 的影响越小。这说明相同温度测量误差 ΔT 对光谱发射率在不同波长下是不同的，这是基于能量比较的发射率测量方法中的显著特点，这里得到一个重要结论是：在基于能量比较的发射率测量方法中，样品温度测量误差一定的情况下，短波的光谱发射率测量结果受到的影响大于长波发射率测量结果受到的影响。

7.3.3 样品参数对温度测量结果的影响

7.3.3.1 样品厚度对样品温度测量结果的影响

在发射率测量问题中，要求在样品背面加热样品。当样品在法向方向上存在一定厚度时，样品的前后表面之间便存在温度差。这种现象可根据式（7-8）解释，当厚度 d 减小，样品前后表面的温差 $T_H - T_S$ 随之减小；当厚度 d 增大，样品前后表面的温差 $T_H - T_S$ 随之增大。根据样品表面温度计算模型，计算样品厚度 $d = 0.5\text{mm}$ 至 $d = 4\text{mm}$ 时，计算参数为样品半球总发射率 $\varepsilon = 0.5$，样品热导率 $\kappa = 30\text{W}/(\text{m} \cdot \text{K})$。样品前后表面温度差值的百分比与样品表面温度 T_S 的变化关系如图 7-9a 所示。

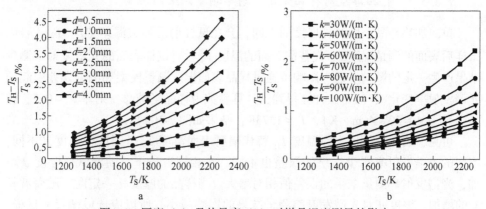

图 7-9 厚度（a）及热导率（b）对样品温度测量的影响

随着样品厚度 d 的增大，样品前后表面的温差随之增大；当样品厚度 d 一定时，随着温度升高，样品前后表面的温差随之增大。当样品厚度 $d = 2\text{mm}$，样品

表面温度 $T_S = 2273\mathrm{K}$ 时，样品前后表面温差的百分比约为 2.3%。可见，若不考虑样品的厚度因素，通过测量样品的背温 T_H 代替样品表面温度 T_S 会产生一定的测温误差。

样品的厚度对温度测量结果的影响不可忽略，试样越薄，试样前后表面产生的温度差值越小。考虑到试样制备工艺的要求，如金属基底高温涂层的厚度较薄，一般在微米量级，金属基底的厚度需要在 $1\sim 2\mathrm{mm}$ 用以保证在样品制备过程中不产生形变。另外，如试样需加热至较高温度，在加热过程中，为保证试样与发热体充分接触，不允许在加热过程中试样产生形变，试样的厚度要求在 $1\sim 2\mathrm{mm}$ 之间。

7.3.3.2　样品热导率对样品温度测量结果的影响

材料的热导率是表征材料导热能力的固有属性，以 κ 表示，各种材料的热导率有所区别。样品在单向加热过程中，样品前后表面产生温度差，除了与样品厚度有关，还与样品的热导率密切相关。这一关系见式（7-8），参考石墨、不锈钢、刚玉几种典型材料的热导率，计算了当热导率 $\kappa = 30\mathrm{W/(m \cdot K)}$ 至 $100\mathrm{W/(m \cdot K)}$ 时，样品前后表面温差的百分比的变化关系。计算参数为样品半球总发射率 $\varepsilon = 0.5$，样品厚度 $d = 2\mathrm{mm}$。结果如图 7-9b 所示。可见，当样品的热导率 κ 增大时，样品前后表面温差随之减小，说明高热导率的材料在单向加热时前后表面产生的温差较小。相反，低热导率的材料在单向加热时前后表面产生的温差较大。当材料的热导率 κ 一定时，随着样品表面温度 T_S 升高，样品前后表面温度差随之增大。

7.3.3.3　样品厚度对样品光谱发射率测量结果的影响

单向加热样品，因试样厚度的不同，会在试样前后形成温差 $T_H - T_S$，若以试样后表面的测量温度 T_H 代替前表面的温度 T_S，对试样表面的光谱发射率测量结果产生一定的影响。这一影响可通过样品表面温度测量模型和测温误差引起的光谱发射率变化式（7-8）计算得到，计算参数为样品半球总发射率 $\varepsilon = 0.5$，样品热导率 $\kappa = 30\mathrm{W/(m \cdot K)}$，$T_S = 1273\mathrm{K}$，结果如图 7-10a 所示。

可见，若以样品后表面温度 T_H 替代辐射表面温度 T_S，因试样厚度 d 不同，产生的光谱发射率测量结果的误差也不同。在相同波长下，随着试样厚度 d 增加，光谱发射率测量结果的误差值相对增大。当样品的厚度 d 一定时，随着波长 λ 的增加，厚度 d 对光谱发射率测量结果的影响减小。所以应选取薄尺寸试样，这样试样前后表面的温差将减小，同时光谱发射率测量结果的误差也随之减小。当样品厚度 $d = 0.5\mathrm{mm}$，$\lambda > 6\mu\mathrm{m}$ 时，因厚度引起的光谱发射率测量结果的相对误差小于 0.1%，所以薄尺寸试样对发射率测量结果的影响极小，很大程度上提高了光谱发射率的测量精度。

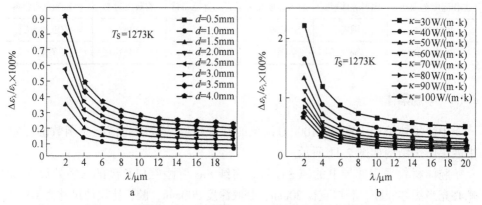

图 7-10 厚度 (a) 及热导率 (b) 对样品发射率测量的影响

7.3.3.4 样品热导率对样品光谱发射率测量结果的影响

单向加热试样，因样品热导率的存在使得样品在热流传递方向产生温度降，若以样品后表面温度 T_H 替代辐射表面温度 T_S，由于温度测量误差必将导致样品表面光谱发射率产生测量误差。这一误差可通过样品表面温度测量模型和测温误差引起的光谱发射率变化式 (7-8) 计算得到，计算参数为样品厚度 $d=2mm$，样品表面半球总发射率 $\varepsilon=0.5$，计算结果如图 7-10b 所示。

可见，若以样品后表面温度 T_H 替代辐射表面温度 T_S，因试样热导率 κ 不同，对光谱发射率测量结果的影响也不同。当试样的热导率 κ 逐渐增大时，因试样热导率 κ 引起的试样光谱发射率测量误差随之减小。当试样热导率 $\kappa=100W/(m \cdot K)$ 时，以样品后表面温度 T_H 替代辐射表面温度 T_S，光谱发射率测量结果相对误差的最大值约为 0.7%，所以以高热导率试样对试样前后表面的温差和光谱发射率的测量结果影响较小。当波长 $\lambda>6\mu m$ 时，由试样热导率 κ 的不同对光谱发射率测量结果产生的影响变化不大。

7.4 黑体辐射参考源

在材料发射率测量中，黑体参考源是测量材料发射率的基准辐射源，用于标定系统的光谱响应函数与背景光谱辐射常数。黑体辐射参考源又称为黑体炉，根据工作温度范围的不同，又分为低温黑体炉（300℃以下），中温黑体炉（300~1200℃）、中高温黑体炉（1200~1500℃）和高温黑体炉（1500℃以上）。

黑体参考源的设计形式为圆柱腔型管式炉。根据高温材料的应用温区，并与试样加热源的温度对应，黑体参考源分别设计为 100~1000℃ 的中温黑体与 1000~2400℃ 的高温黑体。设计的中温和高温黑体炉的技术特性如表 7-2 所示。

表 7-2　中温和高温黑体炉技术特性

工作温度范围/℃	辐射腔体形式	有效长度/mm	开孔直径/mm	有效发射率	筒壁和靶心材料
100~1000	圆筒	300	30	0.996	刚玉和 SiC
1000~2400	圆筒	300	30	0.996	石墨

7.4.1　中温黑体炉

中温黑体炉用于室温~1000℃系统的背景辐射常数和光谱响应函数的标定。中温黑体炉结构如图 7-11 所示。

腔体材料采用非导电的纯 SiC 管。在纯 SiC 管距腔口长度的 2/3 处放置 SiC 靶心充当黑体腔底,腔口直径 30mm,腔底深度 300mm,腔长比设计尺寸为 10∶1。黑体腔外围是定制的 SiC 掺杂双螺纹加热管,工作电压为 220V。将带有陶瓷管护套的 K 型热电偶嵌于靶心内部,采用高温硅酸盐胶泥将热电偶与靶心黏合为一体结构。因刚玉管与碳化硅的导热性较好,并且 SiC 双螺纹管为等电阻结构,黑体腔的温度均匀性得以保证。采用 K 型热电偶测量黑体靶心温度,该温度等于黑体空腔的温度。

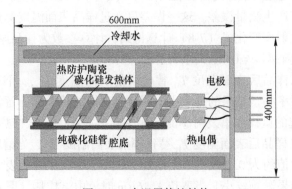

图 7-11　中温黑体炉结构

7.4.2　超高温黑体炉

在发射率测量系统中,高温黑体源是 1000~2400℃的辐射参考源,用于标定系统中的光谱响应函数和背景光谱辐射常数。参考在此温度范围的商业黑体,黑体空腔的结构均为圆柱腔型,腔体材料选用导电性良好的电极石墨材料,腔型尺寸为腔口直径 30mm,有效腔体长度 300mm,腔长比设计为 10∶1,腔体厚度为 15mm。测量的室温状态下的石墨腔体电阻约为 0.01Ω。加热电源的最大功率为 50kW,输出电压最大为 24V,最大可提供 2400A 的加热电流。采用研制的硅光电高温计,通过测温窗口测量高温黑体的腔体温度。高温黑体炉的结构如图 7-12 所示。

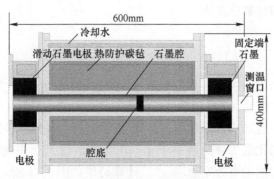

图 7-12 高温试样加热炉结构

考虑到高温黑体源在升降温过程中因热膨胀产生的轴向热应力问题,为延长黑体的使用寿命,设计了新颖的滑动石墨腔体结构,如图 7-13 所示。

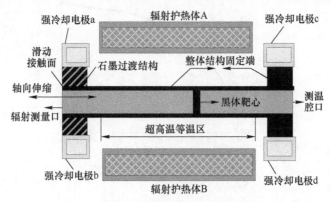

图 7-13 滑动石墨电极结构

黑体空腔与右侧石墨过渡导电环为一体式结构,在黑体加热和降温过程中,该端固定不动。圆柱黑体空腔的左侧与固定石墨过渡环为无间隙配合,在加热过程中,石墨腔因热膨胀沿轴向伸展,释放热应力,因无间隙的配合方式,圆周接触面的接触热阻不发生变化,避免强电流加热方式的电弧现象产生。在降温过程中,黑体空腔沿轴向收缩,并回到初始位置。

7.4.3 黑体空腔有效发射率的蒙特卡洛法计算

在这套光谱发射率系统中,黑体空腔的结构均为正圆柱形,这种黑体空腔结构是最为普遍的结构。本书对黑体空腔有效发射率的估计基于 A. Ono 的 Monte Carlo 方法。假设条件为黑体空腔内壁等温和漫射,计算条件为腔体为圆柱形,腔底圆盘直径为 30mm,腔体长度 300mm,SiC 材料的总发射率估计为 0.8,石墨材料的总发射率估计值为 0.8,那么中温黑体和高温黑体的计算参数是等效的。依据 A. Ono 的 Monte Carlo 方法的圆柱空腔发射率计算方法,黑体空腔在法向方

向上的有效发射率计算公式为

$$\varepsilon_0^D = 1 - \rho_0^D = 1 - \sum_{i=1}^{\infty} F_i r^i \tag{7-9}$$

式中，ε_0^D 为沿法向方向的发射率；ρ_0^D 为沿法向方向的反射率；r 为腔壁材料的漫反射率；F_i 为入射光束经 i 次反射后的角系数。

因本书采用空腔结构较为常用，计算过程略去，通过查表可得到当圆柱腔体长度与腔底直径的比值 L/d 分别等于 4～10 的角系数 F_i，并通过发射率计算式 (7-9) 计算法向方向的有效发射率 ε_0^D，计算结果如图 7-14 所示。本书建立的发射率测量系统中的空腔长度与腔底直径的比值 $L/d = 10$，所以选取空腔有效发射率计算值 0.9964。

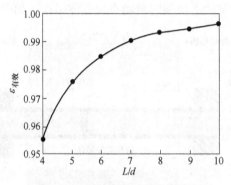

图 7-14　黑体空腔有效发射率

7.5　恒温背景光学系统

恒温背景光学系统是发射率测量系统中的核心部件，它连接试样炉、黑体炉和 FT-IR 光谱仪，具有物理连接、光路转向、光谱能量汇聚、控制背景温度等作用。恒温背景光学系统的结构如图 7-15 所示，主要部分为恒温光学背景、反射聚焦镜和红外窗口。

7.5.1　恒温光学背景

考虑到高温材料的高温测试要求，系统环境设计为密封结构。试样加热至高温状态时，试样本身及炉体产生大量的附加热量，这些多余的热量以热辐射的形式对试样以外的背景光路加热。升温背景的辐射能量进入光学系统干扰样品辐射的光谱信号，所以必须对背景光路进行恒温控制。背景光路设计为水冷夹层结构，恒温高压冷却水流经背景光路，达到控制背景温度的效果。

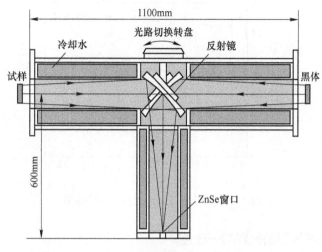

图 7-15　恒温背景光学系统

7.5.2　反射聚焦镜

样品辐射的能量以热辐射的形式散射到半球空间中，随着辐射路程的增加，在单位面积上辐射的功率随之减小。为有效汇聚样品的辐射能量并改变光路的传播方向，采用了离轴凹球面镜汇聚样品及黑体的辐射能量，并使光的传播方向旋转 90°。采用光学设计软件 Zemax 设计了光路，光学参数为物距 550mm，像距 600mm，球面镜曲面直径 1000mm，焦距 500mm，样品直径 30mm，成像直径 40mm。球面镜的结构为光学玻璃基底，反射面为真空沉积铝膜，真空沉积铝膜具有高于 0.98 的反射率，经过铝反射镜的反射光能损失小于 2%。

7.5.3　红外窗口的选择

在恒温背景光学系统中，在 FT-IR 光谱仪连接处放置红外窗口。该红外窗口起到两个作用：一是隔离高温加热区与 FT-IR 光谱仪；二是该红外窗口具有较宽的透光区域，且具有较高的光谱透过率。目前在可见光至 20μm 的光谱区域具有较高透过率的红外窗口可选材料为 KBr 和 ZnSe。KBr 是 FT-IR 光谱仪中分束器的材料，在该光谱区域具有较高的光谱透过率，但这种卤素化合物性质不稳定，容易潮解。相比 KBr，ZnSe 的性质更加稳定。本书选用 ZnSe 材料作为恒温背景光路出光口处的红外窗口。为进一步分析 ZnSe 窗口的光谱透过率，采用 JASCO FT-IR-6100 光谱仪测量了该窗口在 2～25μm 的光学透过率，测量结果如图 7-16 所示，可见，ZnSe 红外窗口在红外光谱区域的光谱透过率基本在 0.8 以上，是一种比较理想的红外窗口。

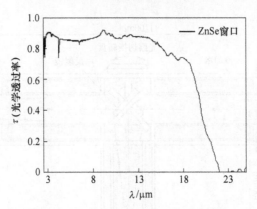

图 7-16　红外窗口光谱透过率测试结果

7.5.4　试样与黑体辐射光路的一致性

将中温面源黑体置于光学三通结构的黑体接口处，设定温度为 500℃，将球面聚焦镜旋转至黑体侧，用 FT-IR 光谱仪测量光谱信号 $S_{bb}(\lambda)$。光路一致性可通过两者的百分比偏差评价。

$$D(\lambda) = \frac{S_s(\lambda) - S_{bb}(\lambda)}{S_{bb}(\lambda)} \times 100\% \tag{7-10}$$

光路一致性的百分比偏差计算结果如图 7-17 所示，百分比偏差 ΔS 的最大值小于 0.5%，偏差的最大值在 5μm 附近。

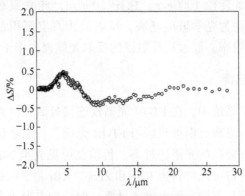

图 7-17　光路的一致性测量结果

7.6　温度控制系统

温度控制系统是光谱发射率测量系统的重要组成部分，通过设定控温值，可将试样及参考黑体加热至所需温度，如图 7-18 所示。温度控制系统由温度控制仪表、温度测量元件、控制元件、电源、负载、测量仪表和计算机组成。温度控制仪表采用 4 台 AL810 数字 PID 温控表，输出方式为可控硅输出，并采用移相脉冲控制电力波形的导通角。输入参量分别是测量中温黑体和中温试样炉温度的 K 型热电偶，测量高温黑体和高温试样炉的硅光电高温计。控制元件由两块 KP2000A/1600V 大功率可控硅、散热器和阻容保护电路组成。电源的输入端采用单相 380V 供电，采用功率为 50kW 的变压器将 380V 高压变至 24V 的低压输出，低压输出用于负载回路的供电。负载分别为中温黑体 SiC 螺纹管、中温试样炉 SiC 螺纹管、高温黑体石墨管和高温试样炉石墨加热体。通过 RS 485 串行总线将计算机与 AL810 数字 PID 温控表相连，在计算机中应用 Labview 程序向温控表发送串口命令，通过控制温控表的设定值控制加热温度，并实时返回当前温度。

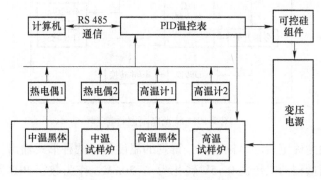

图 7-18 电控及测温系统原理

7.7 硅光电高温计

在高温发射率测量系统中，硅光电高温计用于测量高温黑体空腔温度和高温试样炉的样品温度。硅光电高温计依据半导体硅传感器的响应特性，光谱测量范围 0.4~1.1μm，峰值响应在 9μm 附近，理论测温下限 600℃，无上限测温限制，适用于高温目标的辐射测温。研制的硅光电高温计采用棱镜分光式结构，结构示意如图 7-19 所示。

光学系统采用棱镜分光式结构，目标点的辐射光经物镜聚焦至分划板，分划板为中心开有 2mm×2mm 方形小口的平面反射镜。除测温点以外的目标经物镜聚焦至反射板反射至目镜，经人眼接收，可调节像距使分划板上成清晰的像。主物镜聚焦的目标点的像点透过分划板的小方孔至准直物镜，准直物镜出射平行光线，经组合棱镜转换光线方向并色散，色散光线经暗箱物镜聚焦至硅光电传感器，光信号经硅光电传感器光电转换后，经前置放大至 0~5V 电压。PIC 单片机控制多路转换开关，扫描前置放大器的输出电压值，电压值经 A/D 转换模块生成串行 16 位数字量，经串/并转换后至 PID 单片机的 DI 输入端，PIC 单片机将

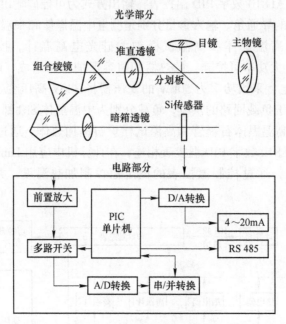

图 7-19　硅光电高温计原理

电压信号转换为标定后的目标温度，得到的温度值以两种形式输出，一是经 D/A 转换模块将满量程的电压值 0~5V 转化为 4~20mV，作为数字 PID 温控表的输入信号；另一方式是 PIC 单片机连接 RS 485 串口通信模块，通过 RS 485 总线与上位机通信，将温度数据传送至计算机。

8 常温光谱发射率测量技术

针对选择性吸收涂层试样的发射率测量，根据光谱发射率的反射率量值传递的基础理论，分析积分球反射计的光谱发射率测量原理，解决参考反射标准所导致的量值传递问题，提出一种基于辐射功率标定的积分球反射计（Integrating Sphere Reflectometer, ISR）光谱发射率量值传递方法。研究探测器与试样辐照面接收辐射功率的函数关系，建立试样的入射辐射功率的标定方法，基于积分球辐照度均匀分布的 Sumpner 定理，建立试样反射辐射功率的推导方法，推导光谱发射率量值传递系数的标定方法，建立 ISR 测量电压与试样光谱发射率之间的量值传递模型。

8.1 基于积分球反射计的发射率测量原理

发射率是描述物体辐射能力的无量纲物理量，又叫做比辐射率，定义为物体辐射量与同温黑体辐射量的比值。光谱发射率量值可以直接根据定义，通过测量并比较相同温度下物体与黑体的辐射亮度得到。但在某些不适宜使用参考黑体或物体辐射亮度不易于直接测量的情况下，往往通过测量物体的反射率，利用测得的反射率数值实现发射率的求解。利用积分球反射计测量发射率既是一种间接测量方法，也是一种相对测量方法。间接测量是指先测得材料的光谱反射率，再计算得到光谱发射率；相对测量是指通过测量试样和参考标准样品反射辐射的电压比实现反射率的测量。

8.1.1 积分球反射计的工作原理

积分球反射计主要由光源、单色仪、积分球及探测器构成。光源发出的复色光经单色仪中的分光元件分光后形成一定波长的单色光，进入积分球并照射到试样的表面，反射后的单色光在积分球内多次反射，由探测器检测出这个波长下的反射电压值，不断调整单色仪的输出波长，获得一系列波长的电压值。将已知反射率的参考标准替换试样，同理测量上述波长的参考标准反射电压值，最后计算试样和参考标准的电压比值就可实现试样反射率的测量。

8.1.1.1 单色仪

单色仪是一种采用分光元件在连续辐射中获得不同光谱且具有一定单色性的光学仪器，主要由出入狭缝、准直镜和分光元件组成。根据分光元件的不同，单色仪主要分为棱镜色散式和光栅衍射式。早期使用的单色仪多采用棱镜作为分光元件，利用棱镜材料的折射率随波长变化的规律获得不同波长的单色光。

光栅是一种非常重要的具有分光作用的光学元件。1821 年由德国科学家夫琅和费用细金属丝紧密地绕在两平行细螺丝上制成了世界上最早的光栅。光栅是利用多缝衍射原理使光发生色散的光学器件。现代光栅普遍利用精密刻划机在玻璃或金属片上刻划出大量平行、等宽、等距的狭缝所制成。

衍射光栅又称闪耀光栅，图 8-1 所示的每个刻线平面与光栅平面之间形成一定的角度 θ，各刻线平面均对入射光产生夫琅禾费多缝衍射作用。

光栅方程描述光栅结构与光的入射角和衍射角之间关系，方程表达式为

$$m\lambda = d(\sin i + \sin \varphi) \tag{8-1}$$

式中，m 为衍射级次级，$m = 0$，± 1，± 2，$\cdots$；d 为光栅常数（相邻刻线之间的距离），μm；i 为入射角；φ 为衍射角。

由式（8-1）可见，当入射角 i 不变时，对于满足光栅方程的每个 m 值，都有相应级次光谱的输出，能量分散在各级光谱中。

单色仪的工作原理如图 8-2 所示，辐射源发射出的复色辐射由入射狭缝进入单色仪，由反射镜直接反射到球面镜 1 上，反射后变成平行光并入射到光栅表面，经光栅分光单色后形成不同波长的单色辐射，并以不同的衍射角度投射到球面镜 2 上。经球面镜 2 汇聚反射至出射狭缝，在单色仪的出射狭缝处得到一系列的按波长分布的单色辐射光谱。在转动机构的驱动下，光栅转动，在单色仪出射狭缝得到不同波长的单色光。

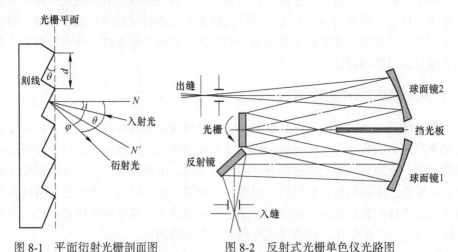

图 8-1 平面衍射光栅剖面图   图 8-2 反射式光栅单色仪光路图

8.1.1.2 积分球

积分球是指内壁涂有反射率高且具有漫发射性质涂层的球形空腔。高反射率

的涂层保证进入积分球内的辐射能量，在反复多次的反射过程中尽可能少的被球壁吸收；涂层的漫反射使得积分球内壁反射后的辐射分布遵循余弦定律，保证球内壁辐照度的均匀分布，这是大多数反射法测量发射率系统采用积分球的重要原因。

当某一波长的单色辐射投射到位于积分球内壁的试样上，试样表面的微面元 dA_0 将成为一个小辐射源。如图 8-3 所示，由 dA_0 向球壁内任意微元面 dA_1 的辐射功率为

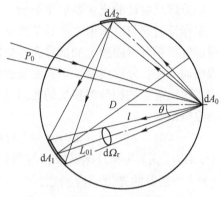

$$dP_{01} = L_{01}\cos\theta dA_0 d\Omega_r \quad (8-2)$$

式中，L_{01} 为 dA_0 的辐射亮度，$W/(m^2 \cdot sr)$；θ 为 P_0 的入射角；$d\Omega_r$ 为 dA_1 对 dA_0 所张的立体角，sr。

根据立体角的定义，dA_1 对 dA_0 所张的立体角：

图 8-3 积分球原理

$$d\Omega_r = \frac{dA_1\cos\theta}{l^2} \quad (8-3)$$

由球面几何尺寸关系得

$$\cos\theta = \frac{l/2}{D/2} = \frac{l}{D} \quad (8-4)$$

将式 (8-3) 和式 (8-4) 代入式 (8-2) 得

$$dP_{01} = \frac{dA_0}{D^2}L_{01}dA_1 \quad (8-5)$$

由辐照度定义，得到 dP_{01} 在 dA_1 上的辐照度为

$$E_{01} = \frac{dP_{01}}{dA_1} = \frac{dA_0}{D^2}L_{01} \quad (8-6)$$

同理，dA_0 向球壁内其他任意微元面 dA_i 的辐射功率和辐照度为

$$dP_{0i} = \frac{dA_0}{D^2}L_{01}dA_i \quad (8-7)$$

$$E_{0i} = \frac{dP_{01}}{dA_i} = \frac{dA_0}{4R^2}L_{0i} \quad (8-8)$$

当积分球内壁涂层为漫反射材料时，内壁表面可近似看成是各方向辐射亮度均相同的理想朗伯面（$L_{01} = L_{02} = \cdots = L_{0i}$），球壁内各点的辐照度相等，即有如下关系：

$$E_{01} = E_{02} = \cdots = E_{0i} \quad (8-9)$$

由此可见，将试样置于积分球内壁，当外部辐射照射在试样表面，试样反射出的辐射能量被限制在积分球空腔内，且被均匀地辐照在内壁上。

8.1.2　参考标准对发射率量值传递的影响

积分球反射计的光谱发射率测量，首先利用积分球反射计测量出试样的反射率，根据发射率与反射率之间的关系 $\varepsilon = 1 - \rho$，最后计算出样品的发射率。将待测样品置于积分球内壁上的试样孔，如图 8-4 所示，入射的辐射直接照射到样品的表面而不是积分球内壁，不同波长的辐射经试样表面反射回积分球内部，经过内壁多次反射后被积分球顶端的探测器接收，探测器将这部分辐射换成与之成比例的电压信号：

$$V_S(\lambda) = S(\lambda)A(D, \rho_i)\rho_s(\lambda)L_i(\lambda) \tag{8-10}$$

式中，$A(D, \rho_i)$ 为积分球常数，与积分球的直径 D 和内壁涂层反射率 ρ_i 有关；$S(\lambda)$ 为探测器的光谱响应函数，$V \cdot \mu m \cdot m^2 \cdot sr/W$；$\rho_s(\lambda)$ 为试样的反射率；$L_i(\lambda)$ 为辐射亮度，$W/(m^2 \cdot sr \cdot \mu m)$。

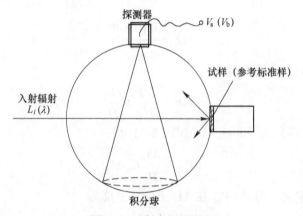

图 8-4　反射率测量原理

用已知光谱反射率 $\rho_b(\lambda)$ 的参考标准样替换试样，以相同辐射亮度的辐射照射参考标准样，同理得到探测器输出电压信号：

$$V_b(\lambda) = S(\lambda)A(D, \rho_i)\rho_b(\lambda)L_i(\lambda) \tag{8-11}$$

通过积分球反射计的两次测量，结合式（8-10）和式（8-11）可得试样反射率为

$$\rho_s(\lambda) = \frac{V_s(\lambda)}{V_b(\lambda)}\rho_b(\lambda) \tag{8-12}$$

将测量得到试样的光谱反射率代入式（8-12），得到该试样光谱发射率的量值传递函数：

$$\varepsilon(\lambda) = 1 - \rho_s(\lambda)$$

$$= 1 - \frac{V_S(\lambda)}{V_B(\lambda)}\rho_b(\lambda) \tag{8-13}$$

对任意试样光谱发射率测量而言，不但要利用积分球反射计测量其积分球输出电压，而且还必须同时测得反射率已知的参考反射标准样的输出电压，两次测量后方可计算出试样的发射率。

但是，同种材料的参考反射标准样受表面工艺、氧化等因素影响，光谱反射率存在一定程度差异。目前，国际上尚未对某一材料作为参考反射标准样达成一致，缺少某一材料的光谱反射率标准数据。所以，无法保证反射率值与参考反射样实际反射率的一致性，当两者出现偏差，在积分球反射计对试样的反射率测量过程中，引入无法消除的误差，最后将反射率测量误差传递到试样的光谱发射率测量结果中，难以保证发射率量值传递的准确性。

综上所述，以反射率对发射率进行量值传递的函数关系虽然简单，但量值传递变量光谱反射率的测量难度却非常大。因辐射沿直线传播，反射辐射又大多呈发散状或不规则分布，如何准确收集、测量入射和反射辐射量的难题尚未解决，这也是在国际尚无统一参考反射标准样和标准反射数据的情形下，基于参考反射标准的光谱发射率测量方法至今仍沿用的重要原因。所以，建立一种不受参考反射标准制约的光谱发射率量值传递方法成为亟待解决的科学问题。

8.2　辐射功率标定的 ISR 发射率量值传递方法

为解决基于参考标准的 ISR 光谱发射率测量方法存在的问题，在无参考反射标准的条件下，提出一种基于辐射功率标定的 ISR 光谱发射率量值传递方法。该原理如图 8-5 所示，通过推导探测器与试样辐照面接收辐射功率的函数关系，建立试样的入射辐射功率的标定电压表达式，根据 Sumpner 定理，推导试样反射功率的 ISR 测量电压表达式，确定光谱发射率量值传递系数，建立 ISR 测量电压与试样光谱发射率之间的量值传递模型。

8.2.1　入射辐射功率的标定方法

图 8-6 给出了积分球反射计中辐射源、单色仪、积分球和试样的位置关系。辐射源发射的辐射，经单色仪、光阑进入积分球内部，并照射到试样表面形成一定大小的辐照面。由入射光路可以看出，辐照面的尺寸大小可以通过光阑大小和与单色仪的距离调整。

假设积分球反射计中辐射源是一个朗伯大面积的扩展源，辐射源面积为 $A_s = \pi R^2$，且辐射亮度在各处均相等。如图 8-7 所示，辐射源照射到入射狭缝处面积为 A_{is}，狭缝中心点对辐射源的半视场角为 θ_0，与辐射源距离为 l，则辐射源对

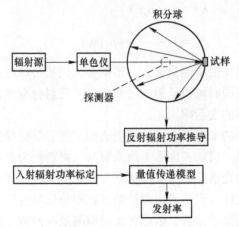

图 8-5　辐射功率标定的 ISR 发射率量值传递原理

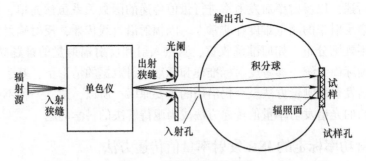

图 8-6　积分球反射计光路

狭缝中心所张立体角：

$$F_{s \to is} = \frac{1}{A_s} \iint_{A_s A_{is}} \frac{\cos\theta_0 \cos\theta_s}{\pi l^2} dA_1 dA_2 = \frac{A_{is}}{A_s} \times \frac{R^2}{R^2 + l^2} \tag{8-14}$$

式中，θ_s 为辐射源表面辐射与法线之间夹角，$\theta_s = \theta_0$。

狭缝处接收到来自辐射源的辐射功率为

$$P_{s \to is} = F_{s \to is} A_s \pi L = \frac{A_{is}}{A_s} A_s \pi L \frac{R^2}{R^2 + l^2} = A_{is} \pi L \frac{R^2}{R^2 + l^2} \tag{8-15}$$

辐射源在单色仪入射狭缝产生的辐照度 E_{is} 为

$$E_{is} = P_{s \to is} \frac{1}{A_{is}} = \frac{\pi L R^2}{R^2 + l^2} \tag{8-16}$$

　　当辐射源的辐射持续不断的进入入射狭缝，那么，相对于积分球内部而言，入射狭缝可看作是一个面积为 A_{is}、辐射亮度为 L 的小辐射源。通过对反射式光栅单色仪光路的分析，单色仪采用了 C-T 型水平对称的光学系统，则出射狭缝 $\Delta\Omega'$（$\Delta\Omega' = \Delta\Omega$）立体角内辐射功率分布与辐射源进入单色仪入射狭缝的辐射功率分布是一致的，若出射狭缝与入射狭缝的尺寸相同，此时，出射狭缝也可看作是面积为 A_{os}（$A_{os} = A_{is}$）的线辐射源，法线方向的辐射强度为 I_0，等于辐射源辐射强度与常数（只与单色仪内部反射元件反射率和几何参数有关）的乘积。

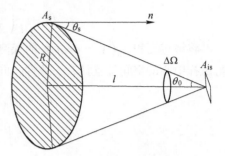

图 8-7　入射狭缝的辐照度

图 8-8 给出了三维坐标系下线辐射源产生的辐射强度，经过光阑后在试样表面形成边长为 a 的正方形辐照面，且与线辐射源法线垂直。在辐照面上任取一个微面积元 dA_α，对线辐射源的立体角 $d\Omega_\alpha$，则与辐射源法线夹角 α 方向的辐射强度：

$$I_\alpha = I_0 \cos\alpha \tag{8-17}$$

在 XOZ 平面内，因 θ 与 α 互为余角，可得：

$$I_\theta = I_0 \sin\theta \tag{8-18}$$

所以，线辐射源在 α 方向立体角 $d\Omega_\alpha$ 的辐射功率：

$$dP = I_\theta d\Omega_\alpha = I_0 (\sin\theta)^2 d\theta d\phi \tag{8-19}$$

式中，φ 为立体角 $d\Omega_\alpha$ 在 XOY 面投影与 X 轴的夹角。

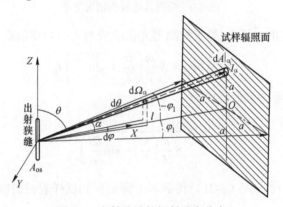

图 8-8　出射狭缝的辐射功率分布

按图 8-8 中的几何关系，对式（8-19）积分可得线辐射源对试样上辐照面的辐射功率：

$$P_1 = \iint I_0 (\sin\theta)^2 d\theta d\varphi$$

$$= I_0 \int_{-\phi_1}^{\phi_1} d\varphi \int_{\arctan l/a}^{\pi/2 + \arctan l/a} (\sin\theta)^2 d\theta \tag{8-20}$$

通常 $a \ll l$，令 $\phi_1 = \arctan(a/l) = a/l$、$\arctan(l/2a) = l/2a$，式（8-20）线辐射源对试样上辐照面的辐射功率：

$$P_I = \frac{a}{l}\left(\frac{\pi}{2} + \sin\frac{2l}{a}\right)I_0 \tag{8-21}$$

将敏感面积 $A_d(A_d = 4mn)$ 的探测器放置在图 8-9 中位置，保证探测器中心与试样中心的空间位置具有一致性，同理可求得探测器接收的辐射功率：

$$\begin{aligned}
P_d &= \iint I_0(\sin\theta)^2 d\theta d\varphi \\
&= I_0 \int_{-m_1/l}^{m_1/l} d\varphi \int_{l/n}^{\pi/2+l/n} (\sin\theta)^2 d\theta \\
&= \frac{m}{l}\left(\frac{\pi}{2} + \sin\frac{2l}{n}\right)I_0
\end{aligned} \tag{8-22}$$

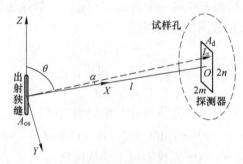

图 8-9　探测器接收的辐射功率

探测器的输出电压 V_d 等于探测器光谱响应与入射功率的乘积，即

$$V_d = SP_d = S\frac{m}{l}\left(\frac{\pi}{2} + \sin\frac{2l}{n}\right)I_0 \tag{8-23}$$

得到线辐射源的辐射强度为

$$I_0 = \frac{V_d}{S\dfrac{m}{l}\left(\dfrac{\pi}{2} + \sin\dfrac{2l}{n}\right)} \tag{8-24}$$

最后，将 I_0 代入式（8-21）得到辐射源辐照到试样表面的辐射功率表达式为

$$P_I = \frac{1}{S}\left[\frac{a\pi + 2a\sin(2l/a)}{m\pi + 2m\sin(2l/n)}\right]V_d \tag{8-25}$$

8.2.2　反射辐射功率的推导方法

当一定辐射功率的单色辐射投射到试样，宏观上表现为试样反射前后辐射功率的变化。从微观上分析，辐射功率变化是由材料表面一定深度的介质对光子的吸收引起的，吸收的辐射能量转化成分子动能或势能。

如图 8-10 所示，入射到试样表面的辐射功率为 P_I，经过试样表面的反射将

损失部分功率 ΔP（若试样是选择性吸收涂层材料，ΔP 是膜系吸收和干涉吸收共同作用的结果），剩余辐射功率从试样表面反射出来。此时，试样表面被辐照区域可视为一个小辐射源，其向整个积分球内部辐射能量为 P_R。

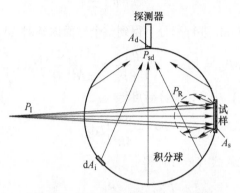

图 8-10　积分球内部的辐射功率分布

对于理想积分球，认为其内壁是理想的漫反射面，内壁上任意点在各方向上的辐射亮度相同，即 $L_i(\theta)$ 为常数。通过对积分球工作原理的分析，得出理想积分球内壁各处辐照度相等，根据式（8-17）和式（8-18）得到积分球内壁任意位置处微面积元 $\mathrm{d}A_i$ 的辐射功率和辐照度分别为

$$\mathrm{d}P_{R_i} = \frac{\mathrm{d}A_s}{4\left(\dfrac{D}{2}\right)^2} L \mathrm{d}A_i \tag{8-26}$$

$$E_i = L\left(\frac{\mathrm{d}A_s}{D^2}\right) \tag{8-27}$$

式中，$\mathrm{d}A_s$ 为试样被辐照区域 A_s 上的一个微面积元，m^2。

设积分球直径为 D，内壁反射率为 ρ_{is}，经多次反射后，微面积元 $\mathrm{d}A_i$ 的辐射出射度：

$$M_i = \rho_d L\left(\frac{\mathrm{d}A_s}{D^2}\right) \tag{8-28}$$

式中，ρ_d 等于 $\rho_{is}(1 + \rho_{is} + \rho_{is}^2 + \cdots + \rho_{is}^n) = \sum_{n=1}^{\infty} \rho_{is}^n = \rho_{is}/(1 + \rho_{is})$。

因为球坐标的立体角元 $\mathrm{d}\Omega = \sin\theta \mathrm{d}\theta \mathrm{d}\varphi$，所以有：

$$\begin{aligned}
M &= L\int \cos\theta \mathrm{d}\Omega \\
&= L\int_0^{2\pi} \mathrm{d}\varphi \int_0^{\pi/2} \cos\theta \sin\theta \mathrm{d}\theta \\
&= \pi L \tag{8-29}
\end{aligned}$$

于是，探测器表面微面积元 $\mathrm{d}A_\mathrm{d}$ 接收到来自积分球内壁某点 $\mathrm{d}A_i$ 的辐射功率：

$$\mathrm{d}^2P_{id} = \frac{\rho_{is}L}{1+\rho_{is}} \times \frac{\mathrm{d}A_\mathrm{s}}{4\pi\left(\dfrac{D}{2}\right)^2} \times \frac{\mathrm{d}A_i\mathrm{d}A_\mathrm{d}}{D^2} \tag{8-30}$$

对式（8-30）中 $\mathrm{d}A_i$ 进行积分，得到整个球面内壁对 $\mathrm{d}A_\mathrm{d}$ 的辐射功率：

$$\mathrm{d}P_{sd} = \int\mathrm{d}^2P_{id} = \frac{\rho_{is}}{1+\rho_{is}} \times \frac{\mathrm{d}A_\mathrm{d}}{\pi D^2}\left(\frac{\mathrm{d}A_\mathrm{s}}{D^2}\int L\mathrm{d}A_i\right) \tag{8-31}$$

对前面式（8-31）中 $\mathrm{d}A_i$ 积分后可得

$$P_\mathrm{R} = \frac{\mathrm{d}A_\mathrm{s}}{4R^2}\int L\mathrm{d}A_i \tag{8-32}$$

将式（8-32）代入式（8-31）得

$$\mathrm{d}P_{sd} = \int \mathrm{d}^2P_{id} = \frac{\rho_{is}}{1+\rho_{is}} \times \frac{P_\mathrm{R}}{\pi D^2}\mathrm{d}A_\mathrm{d} \tag{8-33}$$

假设，这里仍然采用前面测量入射辐射功率使用的探测器，其敏感面的表面积为 $A_\mathrm{d}(2m \times 2n)$。实际上探测器的表面积很小，一般仅有几平方毫米，而积分球内径一般都在 100mm 以上，则内表面积在 125663mm² 以上，故以球冠最大开口部分圆面积等于 A_d 的球冠面 S_d 代替探测器表面是合理的，如图 8-11 所示，最大开口圆的半径 $r = 2\sqrt{mn/\pi}$，则整个球面对 S_d 的辐射功率：

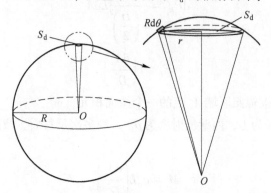

图 8-11　积分球输出孔的等效面积

$$P_{sd} = \frac{\rho_{is}}{1+\rho_{is}}\frac{P_\mathrm{R}}{D^2}\int\mathrm{d}s$$

$$= \frac{\rho_{is}}{1+\rho_{is}}\frac{P_\mathrm{R}}{D^2}\int_\vartheta^{\pi/2} 2\pi rR\mathrm{d}\theta$$

$$= \frac{\rho_{is}}{1+\rho_{is}}\frac{P_\mathrm{R}}{2}\int_\vartheta^{\pi/2}\cos\theta\mathrm{d}\theta$$

$$= \frac{\rho_{is}}{2(1 + \rho_{is})}\left(1 - \sqrt{\frac{D}{2} - \frac{8mn}{\pi D}}\right) P_R \tag{8-34}$$

此时，位于积分球输出孔的探测器输出电压为

$$V = S \frac{\rho_{is}}{2(1 + \rho_{is})}\left(1 - \sqrt{\frac{D}{2} - \frac{8mn}{\pi D}}\right) P_R \tag{8-35}$$

所以，试样反射的辐射功率为

$$P_R = \frac{1}{S}\left[\frac{2(1 + \rho_{is})}{\rho_{is}\left(1 - \sqrt{\dfrac{D}{2} - \dfrac{8mn}{\pi D}}\right)}\right] V \tag{8-36}$$

8.2.3 光谱发射率的量值传递模型

如果入射到介质表面的辐射是波长 λ 的单色辐射，入射辐射功率和反射辐射功率分别表示为 $P_{I\lambda}$、$P_{R\lambda}$，反射率定义为反射的辐射功率与入射的辐射功率之比，所以光谱反射率表示为

$$\rho(\lambda) = \frac{P_{R\lambda}}{P_{I\lambda}} \tag{8-37}$$

根据入射和反射辐射收集测量过程中几何关系的不同，有以下几种光谱发射率定义。

双向反射率。以 (θ_i, ϕ_i) 为方向、充满无限小立体角元 $\mathrm{d}\Omega_i$ 的一束辐射，入射到 $\mathrm{d}A$ 反射面上。单位面上辐射功率为 $\mathrm{d}P_i(\theta_i, \varphi_i)$，反射到 (θ_r, φ_r) 方向，小立体角元 $\mathrm{d}\Omega_r$ 的辐射功率为 $\mathrm{d}P_r(\theta_r, \varphi_r)$，则双向反射率为：

$$\rho(\theta_i, \varphi_i, \theta_r, \varphi_r) = \frac{\mathrm{d}P_r(\theta_r, \varphi_r)}{\mathrm{d}P_i(\theta_i, \varphi_i)}$$

$$= \frac{L_r(\theta_r, \varphi_r)\cos\theta_r \mathrm{d}\Omega_r}{L_i(\theta_i, \varphi_i)\cos\theta_i \mathrm{d}\Omega_i} \tag{8-38}$$

方向-半球反射率。以 (θ_i, φ_i) 为方向、充满无限小立体角元 $\mathrm{d}\Omega_i$ 的一束辐射，入射到 $\mathrm{d}A$ 反射面上。单位面上的辐射功率为 $\mathrm{d}P_i(\theta_i, \varphi_i)$，反射到半球空间的辐射功率为 $P_r(2\pi)$，则方向-半球反射率为

$$\rho(\theta_i, \varphi_i, 2\pi) = \frac{P_r(2\pi)}{\mathrm{d}P_i(\theta_i, \varphi_i)}$$

$$= \frac{\int_{2\pi} \mathrm{d}P_r(\theta_r, \varphi_r)}{\mathrm{d}P_i(\theta_i, \varphi_i)} \tag{8-39}$$

半球-方向反射率。由 $\mathrm{d}A$ 发射到 (θ_r, φ_r) 方向，小立体角元 $\mathrm{d}\Omega_r$ 的辐射功率为 $\mathrm{d}P_i(\theta_i, \varphi_i)$，入射到 $\mathrm{d}A$ 上整个半球的辐射功率为 $P_i(2\pi)$，则：

$$\rho(2\pi,\ \theta_i,\ \varphi_i) = \frac{\mathrm{d}P_r(\theta_r,\ \varphi_r)}{P_i(2\pi)}$$

$$= \frac{L_r(\theta_r,\ \varphi_r)\cos\theta_r\mathrm{d}\Omega_r}{\displaystyle\int_{2\pi}L_i(\theta_i,\ \varphi_i)\cos\theta_i\mathrm{d}\Omega_i} \tag{8-40}$$

由入射辐射功率推导过程发现，辐射源与反射面相互平行，根据图 8-10 中辐射源与试样的几何关系，入射到试样表面的入射辐射角度为 $(n/l,\ m/l)$，辐射功率为 P_I；再由反射辐射功率的推导过程发现，试样反射的各方向的辐射功率均被积分球搜集，最后推导出的反射辐射功率 P_R 正是反射到 2π 空间的辐射功率。

当 ISR 中单色仪的输出单色辐射波长为 λ，被视为线辐射源的出射狭缝即为单色线辐射源，入射到试样表面上的辐射是单色辐射，根据光谱发射率和方向-半球反射率定义，得到试样方向-半球光谱反射率：

$$\rho_s(\lambda) = \frac{P_R(\lambda)}{P_I(\lambda)} \tag{8-41}$$

采用波长扫描的测量方式，在测量光谱范围内依次测量并推导出入射的光谱辐射功率和试样出射的光谱辐射功率，由式（8-25）和式（8-32）分别得到 $P_I(\lambda)$、$P_R(\lambda)$，并将其代入式（8-41），得到试样的光谱反射率表达式：

$$\rho_s(\lambda) = \frac{\dfrac{1}{S(\lambda)} \times \dfrac{2[1+\rho_{is}(\lambda)]}{\rho_{is}(\lambda)(1-\sqrt{R-4mn/R})} \times V(\lambda)}{\dfrac{1}{S(\lambda)} \times \dfrac{a\pi+2a\sin(2l/a)}{m\pi+2m\sin(2l/n)} \times V_d(\lambda)}$$

$$= \frac{1+\rho_{is}(\lambda)}{\rho_{is}(\lambda)} \times \frac{2}{1-\sqrt{R-4mn/R}} \times \frac{m\pi+2m\sin(2l/n)}{a\pi+2a\sin(2l/a)} \times \frac{V(\lambda)}{V_d(\lambda)}$$

$$= \frac{K}{V_d(\lambda)} \times \frac{1+\rho_{is}(\lambda)}{\rho_{is}(\lambda)} \times V(\lambda) \tag{8-42}$$

式中，$P_{is}(\lambda)$ 为积分球内壁材料的光谱反射率；K 为常量，$K = \dfrac{2}{1-\sqrt{(D/2)-(8mn/\pi D)}} \times \dfrac{m\pi+2m\sin(2l/n)}{a\pi+2a\sin(2l/a)}$；$V(\lambda)$ 为积分球输出孔处探测器测得的光谱电压值；$V_d(\lambda)$ 为积分球试样孔处探测器测得的光谱电压值。

如果辐射源辐射强度稳定，单色仪出射狭缝的辐射功率将保持不变，则位于积分球试样孔的探测器输出的电压值 $V_d(\lambda)$ 是恒定的，式（8-42）中仅积分球内壁材料光谱反射率 $P_{is}(\lambda)$ 尚待确定。

若被测试样 S′ 与积分球内壁材料相同、制备工艺相同，则试样 S′ 的光谱反射率与积分球内壁的光谱反射率相同，即 $\rho_s'(\lambda) = \rho_{is}(\lambda)$。根据式（8-43）得到

试样 S′ 的光谱反射率:

$$\rho'_s(\lambda) = \rho_{is}(\lambda) = \frac{K}{V_d(\lambda)} \times \frac{1 + \rho_{is}(\lambda)}{\rho_{is}(\lambda)} \times V_{sd}(\lambda) \qquad (8\text{-}43)$$

对式（8-43）整理得

$$\rho_{is}(\lambda) = \frac{KV_{sd}(\lambda)}{2V_d(\lambda)} + \sqrt{\left[\frac{KV_{sd}(\lambda)}{2V_d(\lambda)}\right]^2 + \frac{KV_{sd}(\lambda)}{V_d(\lambda)}} \qquad (8\text{-}44)$$

式中，$V_{sd}(\lambda)$ 为测量对象为试样 S′ 时，积分球输出孔探测器测得的光谱电压。

将 $\rho_{is}(\lambda)$ 代入式（8-44）中得到试样的光谱反射率表达式:

$$\rho_s(\lambda) = \frac{2V_d(\lambda) + KV_{sd}(\lambda)\left[1 + 2\sqrt{1 + \frac{V_d(\lambda)}{KV_{sd}(\lambda)}}\right]}{V_d(\lambda)V_{sd}(\lambda)\left[1 + 2\sqrt{1 + \frac{V_d(\lambda)}{KV_{sd}(\lambda)}}\right]} \times V(\lambda) \qquad (8\text{-}45)$$

根据热平衡状态下物体发射率等于它的吸收率和非透明材料能量守恒得到试样的光谱发射率表达式:

$$\varepsilon(\lambda) = \alpha(\lambda)$$

$$= 1 - \rho(\lambda)$$

$$= 1 - \frac{2V_d(\lambda) + KV_{sd}(\lambda)\left[1 + 2\sqrt{1 + \frac{V_d(\lambda)}{KV_{sd}(\lambda)}}\right]}{V_d(\lambda)V_{sd}(\lambda)\left[1 + 2\sqrt{1 + \frac{V_d(\lambda)}{KV_{sd}(\lambda)}}\right]} \times V(\lambda) \qquad (8\text{-}46)$$

设测量电压与光谱发射率之间的传递系数为

$$\eta(\lambda) = \frac{2V_d(\lambda) + KV_{sd}(\lambda)\left[1 + 2\sqrt{1 + \frac{V_d(\lambda)}{KV_{sd}(\lambda)}}\right]}{V_d(\lambda)V_{sd}(\lambda)\left[1 + 2\sqrt{1 + \frac{V_d(\lambda)}{KV_{sd}(\lambda)}}\right]} \qquad (8\text{-}47)$$

将传递系数 $\eta(\lambda)$ 代入式（8-46）得到基于反射率定义的 ISR 光谱发射率测量方法的光谱反射率量值传递模型为

$$\varepsilon(\lambda) = 1 - \eta(\lambda)V(\lambda) \qquad (8\text{-}48)$$

综上所述，在单色仪输出不同单色辐射（波长为 λ）的情况下，测量位于积分球入射孔中心的探测器输出电压 $V_d(\lambda)$ 和特殊试样 S′（材料和制备工艺均与积分球内壁相同的试样）反射时积分球输出孔的探测器输出电压 $V_{sd}(\lambda)$，利用两次测量的电压值和 ISR 的几何尺寸，计算出 ISR 的测量电压与光谱发射率之间的传递系数 $\eta(\lambda)$，建立 ISR 的光谱发射率量值传递模型。

9 多光谱发射率测量技术

多光谱测温法是利用多个光谱下的物体辐射亮度测量信息，经过数据处理得到物体的真实温度及光谱发射率。由普朗克定律可知，对于有 n 个通道的多波长温度计来说，共有 n 个方程，却包含 $(n+1)$ 个未知量，即目标真温 T 和 n 个光谱发射率 $\varepsilon(\lambda_i, T)$，因此必须假设光谱发射率与波长之间存在着某种函数关系，否则方程组无解。在多光谱辐射测温领域常假设光谱发射率随波长的变化而变化，其中一个常用的假设方程为

$$\ln\varepsilon(\lambda, T) = a + b\lambda \tag{9-1}$$

式中，λ 为波长；T 为物体的真实温度。基于该方程，可通过最小二乘法计算出目标真温及光谱发射率。当被测目标光谱发射率随波长变化的真实情形与假设方程相符时，通过计算得到的真温及发射率数据相当精确，但当二者不相符时，得到的计算结果偏差相当大。事实上，问题的关键在于我们对某种未知材料进行测量时，事先并不知道此种材料的光谱发射率与波长之间属于哪种函数关系，采用任何形式的假设方程进行多光谱温度计的数据处理都是盲目的、不科学的。鉴于上述原因，我们认为应该仔细研究各种被测材料的内在特性，努力找出它们之间的共性才是解决问题的关键。通过分析，我们确认材料的光谱发射率随温度的变化而变化是客观存在的，又受到处理非线性问题时常常要分段线性化的启发，因此假设材料的光谱发射率在所选定的波长处与温度有近似相同的线性关系：

$$\varepsilon_i = \varepsilon_{i0}[1 + k(T - T_0)] \tag{9-2}$$

式中，ε_{i0} 为波长为 λ_i、温度为 T_0 时的光谱发射率；T_0 为某个初始温度。对于实际物体来说，上述假设在一定温区、一定波长范围内是普遍成立的。

9.1 基本原理

此处提出的算法原理如下：（1）通过第 1 个温度处各测量通道的输出值以及第 1 个温度的估计值，计算获知第 1 个温度处的各光谱发射率的估计值。（2）使第 1 个温度处计算获得的各光谱发射率的估计值在某一范围内变化。（3）通过假设方程式（9-2）可获知第 2 个温度处各光谱发射率的计算值。（4）对于第 2 个温度处不同组的光谱发射率，可以计算出不同组的各波长下的真实温度。当其中某一组各波长下的真实温度的方差最小时，即为所求的第 2 个温度处的真实温度。因为只有当假设方程式（9-2）与被测目标的真实情形相接近或一致时，各

波长下真实温度的计算值才会趋近于同一数值。(5) 进而可获知第 2 个温度处各光谱的发射率、第 1 个温度处各光谱的发射率以及第 1 个温度处的真实温度。其算法详细介绍如下。

如果多波长温度计有 n 个通道，则第 i 个通道的输出信号 V_i 可表示为

$$V_i = A_i \varepsilon_i \lambda_i^{-5} \exp\left(-\frac{c_2}{\lambda_i T}\right) \quad (i = 1, 2, \cdots, n) \tag{9-3}$$

式中，A_i 为只与波长有关而与温度无关的检定常数，它与该波长下探测器的光谱响应率、光学元件透过率、几何尺寸及第一辐射常数有关。

在某定点黑体参考温度 T_R 下，第 i 个通道的输出信号 V_{iR} 为

$$V_{iR} = A_i \lambda_i^{-5} \exp\left(-\frac{c_2}{\lambda_i T_R}\right) \quad (\text{此时 } \varepsilon_i = 1.0) \tag{9-4}$$

由式 (9-3) 和式 (9-4) 可得

$$\frac{V_i}{V_{iR}} = \varepsilon_i \exp\left(-\frac{c_2}{\lambda_i T}\right) \exp\left(\frac{c_2}{\lambda_i T_R}\right) \tag{9-5}$$

记 V_{i1} 为第 1 个温度下、第 i 个通道的输出信号，T_0 为第 1 个温度的估计值，则第 1 个温度下、第 i 个波长处发射率的估计值 ε_{i0} 为

$$\varepsilon_{i0} = \frac{V_{i1}}{V_{iR}} \exp\left(-\frac{c_2}{\lambda_i T_0}\right) \exp\left(-\frac{c_2}{\lambda_i T_R}\right) \tag{9-6}$$

选择 $\varepsilon > 0$，$\eta > 0$，$M > 0$，$\varepsilon_{i1} \in (\varepsilon_{i0} - \varepsilon, \varepsilon_{i0} + \varepsilon)$，$k \in (-\eta, \eta)$，$T \in (T_0 - M, T_0 + M)$，则第 2 个温度 T 处的发射率模型为

$$\varepsilon_i = \varepsilon_{i1}[1 + k(T - T_0)] \tag{9-7}$$

由于对不同的 i 可求出不同的 T，故用 T_{i2} 表示第 2 个温度下 λ_i 处的计算温度值，则由式 (9-5) 可得

$$T_{i2} = 1 \bigg/ \left[\frac{1}{T_R} + \frac{\lambda_i}{c_2}\ln\left(\frac{\varepsilon_i V_{iR}}{V_{i2}}\right)\right] \tag{9-8}$$

式中，V_{i2} 为第 2 个温度下第 i 个通道的输出信号。由式 (9-7) 和式 (9-8) 可得

$$T_{i2} = 1 \bigg/ \left[\frac{1}{T_R} + \frac{\lambda_i}{c_2}\ln\left(\frac{\varepsilon_{i1}[1 + k(T_{i2} - T_0)]V_{iR}}{V_{i2}}\right)\right] \tag{9-9}$$

式 (9-9) 是关于 T_{i2} 的方程，可通过迭代法求解。此算法建立的准则是 T_{il} 的方差极小化，即

$$\min F = \sum_{i=1}^{2} \sum_{i=1}^{n} [T_{il} - E(T_l)]^2 \tag{9-10}$$

式中，$E(T_l) = \dfrac{1}{n}\sum\limits_{i=1}^{n} T_{il}$。

9.2　技术应用

为实现基于发射率机理模型的涂层光谱发射率原位多光谱测量，以金属-陶瓷选择性吸收涂层的结构为切入点，深入研究涂层发射率的光谱选择性吸收机理，确定影响涂层光谱发射率变化的关键参数，建立多膜结构的选择性吸收涂层的光谱发射率模型；利用发射率模型计算的光谱辐射亮度值和辐射亮度测量值建立约束方程，通过自适应模拟退火算法优化出发射率模型中各结构参数的最优值，实现集热管涂层光谱发射率的原位多光谱测量，以下主要进行 3 个方面的研究工作。

9.2.1　关键技术

本研究涉及的主要技术包括以下三条：多膜系集热管涂层光谱发射率模型的建立、光谱发射率模型参数优化的算法研究、集热管涂层原位发射率测量。

（1）多膜系集热管涂层光谱发射率模型。在有效介质和传播矩阵理论的基础上，分析金属-陶瓷涂层的多层膜结构特征，研究金属膜的电磁波穿透深度及反射特性、金属掺杂体积数对吸收层光学常数的影响、膜厚对膜系反射率的影响及减反膜对涂层反射率的影响，建立以膜材料光学常数和膜层结构参数为参变量的金属-陶瓷选择性吸收涂层的光谱发射率模型。

（2）光谱发射率模型参数优化的算法研究。在多光谱辐射测温理论的基础上，分析光谱辐射亮度理论计算值与检测值之间的约束条件，研究约束方程最小化的优化算法，利用涂层表面光谱辐射亮度的测量值对发射率模型的各结构参数进行优化，得到发射率模型参数的最优值，实现涂层光谱发射率的原位多光谱测量。

（3）集热管涂层原位发射率测量技术。研究集热管管壁涂层的表面辐射特性、辐射亮度检测光谱范围的确定方法、背景辐射噪声的抑制方法，以及非高温物体表面微弱辐射亮度信息的准确提取，建立一种适用于集热管涂层辐射亮度的原位检测方法，实现涂层光谱发射率的多光谱测量，并对提出的涂层光谱发射率原位多光谱测量方法进行实验验证。

通过集热管涂层光谱发射率形成机理和多光谱数据处理算法的研究，建立一种适用于多膜系涂层材料的原位多光谱发射率测量方法。

1）研究一种适用于多膜系涂层发射率的建模方法，建立基于膜结构参数的金属-陶瓷选择性吸收涂层发射率模型。

2）研究一种适用于全局优化的多光谱数据处理算法，对发射率模型的各参数进行优化求解，精确计算涂层的光谱发射率。

3）研制一套高真空宽光谱的涂层发射率原位测量系统。测量环境真空度：

1×10^{-3} Pa；光谱范围：0.4~20μm；温度范围：200~600℃；光谱分辨率：1nm；测量不确定度：0.03。

9.2.2 技术路线

采用如图 9-1 所示的技术路线。作为集热管涂层多光谱发射率测量的基础和前提，建立基于膜结构参数的涂层发射率模型，从而获得多光谱辐射亮度的计算值。研制高真空光谱辐射亮度测量装置，对集热管涂层原位的光谱辐射亮度进行测量，通过探测器温漂修正、集热管的动态赋值加热研究，获得多个光谱辐射亮度的准确测量值。

建立光谱辐射亮度最小化约束方程，通过自适应模拟退火优化算法寻找约束方程中发射率模型参数的最优值，计算集热管涂层的光谱发射率。

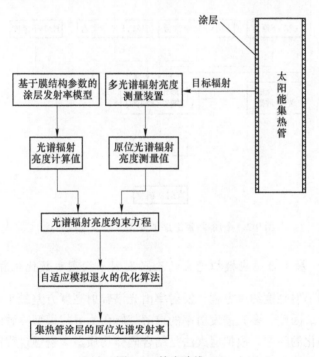

图 9-1　技术路线

9.2.2.1 基于膜结构参数的金属-陶瓷涂层光谱发射率建模

如图 9-2 所示，首先由金属和陶瓷材料的光学常数、复折射率-介电函数关系式求解出金属和陶瓷材料的介电函数、高金属掺杂体积数（HMVF）和低金属掺杂体积数（LMVF），由有效介质理论的 Br 和 MG 公式分别计算出 LMVF、HMVF 层有效介电函数，再由介电函数-复折射率关系式分别转换成 LMVF、HMVF 层光学常数，并与 LMVF 和 HMVF 的各自厚度及金属材料光学常数代入膜系的传播矩阵，计算光学导纳的特征矩阵。根据入射介质的光学常数，求解出膜系的振幅反射系数和反射率，最后推导出涂层的光谱发射率。

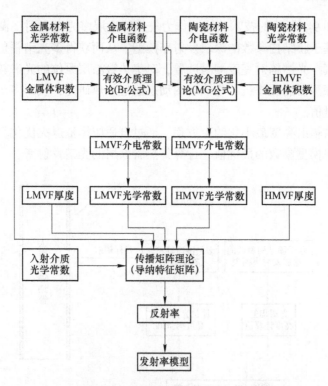

图 9-2　金属-陶瓷涂层的光谱发射率建模原理

9.2.2.2　基于自适应模拟退火的涂层发射率模型参数优化算法

根据光谱辐射亮度约束方程，发射率由光谱辐射亮度方差最小时的模型的膜结构参数确定。因此，多光谱发射率的求解就转化为寻找模型参数的最优解使约束方程值最小化的问题。模拟退火法是结合固体物质退火物理过程能量趋于热平衡状态的变化规律与蒙特卡洛随机迭代相似的优化方法，适用解决全局优化的问题。

基于自适应模拟退火原理的发射率模型参数优化算法是模拟固体物质退火的温度变化规律，通过减低退火温度，自适应调节温度下降速率，控制优化算法的进程，不断优化发射率模型中自变量参数 $x_i = \{f_L, f_H, h_L, h_H, T_{surf}\}$（$f_L$，$f_H$ 分别为低、高掺杂层的掺杂体积数，h_L，h_H 分别为低、高掺杂层的膜厚，T_{surf} 为涂层表面温度），直至满足设定的约束方程求得最小值，算法原理如图 9-3 所示。

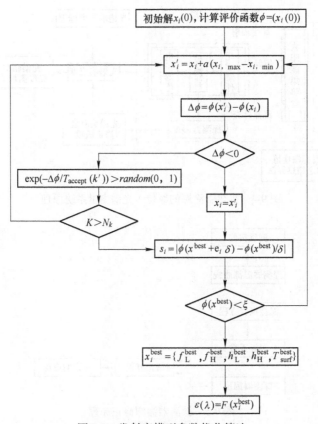

图 9-3 发射率模型参数优化算法

9.2.2.3 原位多光谱发射率测量系统研制

如图 9-4 所示，在集热管光谱辐射亮度测量过程中，当涂层温度为 T，辐射亮度测量值 $S(\lambda_i)$ 等于探测器的常温光谱响应函数 $R(\lambda_i)$ 与目标涂层的光谱辐射亮度 $L_{meas}(\lambda_i, T)$ 的乘积。当被测高温集热管涂层面积较大且长时间工作时，一方面导致探测器光谱响应度 $R(\lambda_i)$ 随温度升高而降低，引起输出电压发生变化，影响光谱辐射亮度测量准确性；另一方面，在真空环境下，加热惯性大，被测集热管温度不易控制，极易出现大幅度的温度超调，破坏集热管表面涂层。为了克服上述缺点，提出了探测器温漂修正技术和动态赋值的控温加热技术。

（1）探测器温漂修正技术。为提高测量准确性，研究探测器波长光谱响应度与自身温度的变化规律，对辐射计光谱响应度的温漂进行修正，消除自身温度变化对探测器输出电压的影响，温漂修正原理如图 9-5 所示。

首先，寻找自身温度与光谱响应度之间变化规律，测量辐射计自身温度和输出电压。以自身温度为横坐标，以该温度点光谱响应度与初始温度点光谱响应度

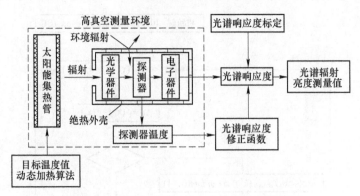

图 9-4　集热管涂层的原位多光谱测量系统原理

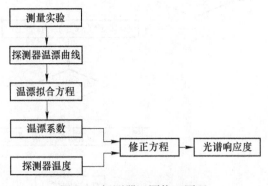

图 9-5　探测器温漂修正原理

$R(\lambda, 300)$ 的比值为纵坐标，得到光谱响应度的比率随温度变化的测量曲线。然后，对测量曲线进行拟合，得到拟合方程。探测器温度 T_R 的拟合方程值 $f(T_R)$ 即为温漂修正系数。所以，经温漂修正后的探测器光谱响应函数 $R(\lambda, T_R)$ 为温漂修正系数 $f(T_R)$ 与常温响应度 $R(\lambda, 300)$ 的乘积，即 $R(\lambda, T_R) = f(T_R) R(\lambda, 300)$。

（2）动态赋值的控温加热技术。针对真空环境下集热管加热过程中热惯性大的特点，根据当前温度与设定的加热温度之间的温度差，不断的适时改变目标温度，直至涂层温度达到设定的加热温度，建立动态赋值的加热算法。

利用温控器中 PID 的功率调节作用，使加热功率随目标温度与当前温度差值的缩小逐渐降低，通过对温控器的多次动态目标温度赋值，促使温控器中 PID 调节参数根据动态变化的目标温度迅速做出调整，及时对加热功率进行调节。当涂层温度接近设定的加热温度时，及时降低加热功率或停止加热，充分利用加热装置在真空环境的热惯性，逐步达到设定的加热温度，有效避免了温度超调现象。

动态赋值加热算法如图 9-6 所示，随着赋值次数 i 的增加，涂层温度 T 逐步升高，与加热和控温的目标温度的差逐渐减小，第 $i+1$ 次的动态目标温度值的增量温度值越来越近于 0，当涂层温度等于加热控温的温度值时，动态目标温度子程序结束，此时动态目标温度的最后一个设置值与涂层当前温度值相等。

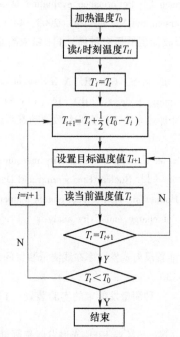

图 9-6　动态目标温度值的加热算法流程

参 考 文 献

[1] Odeh S, Behnia M, Morrison G. Performance evaluation of solar thermal electric generation systems [J]. Energy Conversion and Management, 2003, 44 (15): 2425-2443.

[2] 李立明. 太阳能选择性吸收涂层的研究进展 [J]. 粉末冶金材料科学与工程, 2009, 14 (1): 7-10.

[3] Thirugnanasambandam M, Iniyan S, Goic R. A review of solar thermal technologies [J]. Renewable and sustainable energy reviews, 2010, 14 (1): 312-322.

[4] 王青伟, 萧鹏, 郭斌. 脉冲加热方法铌热物性参数的动态测量 [J]. 哈尔滨工业大学学报, 2010, 42 (1): 87-91.

[5] Cao G, Weber S, Martin S, et al. Spectral emissivity measurements of candidate materials for very high temperature reactors [J]. Nuclear Engineering and Design, 2012, 251 (1): 78-83.

[6] Švantner M, Vacíková P, Honner M. Non-contact charge temperature measurement on industrial continuous furnaces and steel charge emissivity analysis [J]. Infrared physics & technology, 2013, 61: 20-26.

[7] 宋扬, 王宗伟, 戴景民. 前置反射式发射率在线测量装置的研制 [J]. 哈尔滨理工大学学报, 2009, 14 (3): 126-130.

[8] 刘玉芳, 胡壮丽, 施德恒. 一种测量发射率的实验装置 [J]. 光学学报, 2010, 30 (3): 772-776.

[9] 王宗伟, 戴景民, 何小瓦, 等. 超高温 FTIR 光谱发射率测量系统的线性度分析 [J]. 光谱学与光谱分析, 2012, 32 (2): 313-316.

[10] Wang Z, Wang Y, Liu Y, et al. Microstructure and infrared emissivity property of coating containing TiO_2 formed on titanium alloy by microarc oxidation [J]. Current Applied Physics, 2011, 11 (6): 1405-1409.

[11] 孙晓刚, 原桂彬, 戴景民. 基于遗传神经网络的多光谱辐射测温法 [J]. 光谱学与光谱分析, 2007, 27 (2): 213-216.

[12] Wen C D. Study of Steel Emissivity Characteristics and Application of Multispectral Radiation Thermometry (MRT) [J]. Journal of materials engineering and performance, 2011, 20 (2): 289-297.

[13] Yang C, Yu Y, Zhao D, et al. Study on modeling of multispectral emissivity and optimization algorithm [J]. Neural Networks, IEEE Transactions on, 2006, 17 (1): 238-242.

[14] Wen CD. Investigation of steel emissivity behaviors: Examination of Multispectral Radiation Thermometry (MRT) emissivity models [J]. International Journal of Heat and Mass Transfer, 2010, 53 (9): 2035-2043.

[15] 萧鹏, 孙晓刚, 戴景民. 金属防热瓦温度及发射率的测量 [J]. 清华大学学报, 2007, 47 (7): 1249-1252.

[16] 辛成运, 程晓舫, 张忠政. 基于有限立体角测量的多光谱测温 [J]. 光谱学与光谱分析, 2013, 33 (2): 316-319.

[17] Makino T, Wakabayashi H. A New Spectrophotometer System for Measuring Hemispherical Reflectance and Normal Emittance of Real Surfaces Simultaneously [J]. International journal of thermophysics, 2010, 31 (11-12): 2283-2294.

[18] Gao T, Jelle B P, Gustavsen A. Core-shell-typed Ag-SiO$_2$ nanoparticles as solar selective coating materials [J]. Journal of Nanoparticle Research, 2013, 15 (1): 1-9.

[19] Dutta J, Promnimit S. Synthesis and Electrical Characterization of Multilayer Thin Films Designed by Layer-by-Layer Self Assembly of Nanoparticles [J]. Journal of Nano Research, 2010, 11: 1-6.

[20] 李艳敏, 李孟超, 刘芳芳, 等. 基于 SPR 的类铬型金属膜厚在线纳米测量研究 [J]. 光学技术, 2012, 38 (1): 9-13.

[21] 张彤. 基于 PID 的温度控制器研究 [J]. 通信电源技术, 2012, 29 (4): 42-43.

[22] 薛阳, 汪莎, 陈磊. 过热蒸汽温度控制中 RBF 神经网络整定 PID 控制的应用 [J]. 上海电力学院学报, 2012, 28 (5): 466-468.

[23] 吕俊亚. 一种基于单片机的温度控制系统设计与实现 [J]. 计算机仿真, 2012, 29 (7): 230-233.

[24] Ganugula R. Self-tuning of PID controller for dc motor using MRAC [J]. International Journal of Engineering Research and Applications (IJERA), 2012, 1 (special): 1-4.

[25] Milbrandt A R, Heimiller D M, Perry A D, et al. Renewable energy potential on marginal lands in the United States [J]. Renewable and sustainable energy reviews, 2014, 29 (4): 63-73.

[26] Aslani A, Wong K-F V. Analysis of renewable energy development to power generation in the United States. Renewable Energy, 2014, 63 (1): 43-53.

[27] Luderer G, Krey V, Calvin K, et al. The role of renewable energy in climate stabilization: results from the EMF27 scenarios [J]. Climatic Change, 2014, 123 (3-4): 427-441.

[28] Ma Z, Glatzmaier G, Mehos M. Development of Solid Particle Thermal Energy Storage for Concentrating Solar Power Plants that Use Fluidized Bed Technology [J]. Energy Procedia, 2014, 49: 898-907.

[29] Ho C K, Iverson B D. Review of high-temperature central receiver designs for concentrating solar power [J]. Renewable and sustainable energy reviews, 2014, 29 (8): 35-46.

[30] Lovegrove K, Stein W. Concentrating solar power technology: principles, developments and applications [J]. Elsevier, 2012: 99-104.

[31] Ma Z, Turchi C. Advanced supercritical carbon dioxide power cycle configurations for use in concentrating solar power systems [J]. Proceedings of Supercritical CO$_2$ Power Cycle Symposium. 2011: 24-25.

[32] 张术坤, 蔡静, 杨永军. 材料光谱发射率测量技术研究进展 [J]. 工业计量, 2013, 23 (6): 5-9.

[33] Adibekyan A, Monte C, Kehrt M, et al. The development of emissivity measurements under vacuum at the PTB [J]. Measurement Techniques, 2013, 55 (10): 1163-1171.

[34] Fu T, Tan P, Pang C. A steady-state measurement system for total hemispherical emissivity

［J］. Measurement Science and Technology, 2012, 23 (2): 25006-25015.

［35］ 马春武, 刘忠奎, 薛秀生, 等. 航空发动机表面发射率测量技术研究［J］. 航空发动机, 2013, 38 (6): 58-62.

［36］ 辛春锁, 何小瓦, 杨阳, 等. 基于稳态卡计法的半球向全发射率测量技术综述［J］. 宇航计测技术, 2011, 31 (4): 38-43.

［37］ Hameury J, Hay B, Filtz J. Measurement of total hemispherical emissivity using a calorimetric technique ［J］. International Journal of Thermophysics, 2007, 28 (5): 1607-1620.

［38］ Wilthan B, Hanssen L M, Mekhontsev S. Measurements of infrared spectral directional emittance at NIST-A status update ［J］. American Institute of Physics Conference Series. 2013, 1552: 746-751.

［39］ Makino T, Wakabayashi H. A New Spectrophotometer System for Measuring Hemispherical Reflectance and Normal Emittance of Real Surfaces Simultaneously ［J］. International Journal of Thermophysics, 2010, 31 (11-12): 2283-2294.

［40］ Weng K H, Wen C D. Effect of oxidation on aluminum alloys temperature prediction using multispectral radiation thermometry ［J］. International journal of heat and mass transfer, 2011, 54 (23): 4834-4843.

［41］ 孙晓刚, 原桂彬, 戴景民. 基于遗传神经网络的多光谱辐射测温法［J］. 光谱学与光谱分析, 2007, 27 (2): 213-216.

［42］ Moore T J, Jones M R, Tree D R, et al. An experimental method for making spectral emittance and surface temperature measurements of opaque surfaces ［J］. Journal of Quantitative Spectroscopy and Radiative Transfer, 2011, 112 (7): 1191-1196.

［43］ Wen C D. Study of steel emissivity characteristics and application of multispectral radiation thermometry (MRT) ［J］. Journal of materials engineering and performance, 2011, 20 (2): 289-297.

［44］ Brunotte A, Lazarov M P, Sizmann R. Calorimetric measurements of the total hemispherical emittance of selective surfaces at high temperatures ［J］. Society of Photo-Optical Instrumentation Engineers (SPIE) Conference Series. 1992, 1727: 149-160.

［45］ Kraemer D, Mcenaney K, Cao F, et al. Accurate determination of the total hemispherical emittance and solar absorptance of opaque surfaces at elevated temperatures ［J］. Solar energy materials and solar cells, 2015, 132: 640-649.

［46］ Zhang Yufeng, Dai Jingmin, Zhang Lei, et al. Spectral Emissivity and Transmissivity Measurement for ZnS Infrared Window ［J］. Optical Engineering, 2013, 52 (8): 87-107.

［47］ Zhang Y F, Dai J M, Wang Z W, et al. A Spectral Emissivity Measurement Facility for Solar Absorbing Coatings ［J］. International Journal of Thermophysics, 2013, 34 (5): 916-925.

［48］ 张宇峰, 戴景民, 张昱, 等. 基于积分球反射计的光谱发射率测量系统校正方法［J］. 光谱学与光谱分析, 2013, 33 (08): 2267-2271.

［49］ Zhang Y F, Dai J M, Zhang L, et al. Multi-wavelength emissivity measurement of stainless steel substrate ［J］. Proc. SPIE 8759, 2013: 87594B.

［50］ Zhang L, Dai J M, Zhang Y F, et al. A Method to Identify Material Based on Spectrum Analyses. Eighth International Symposium on Precision Engineering Measurement and Instrumentation,

Chengdu, China, 2013: 87590C.

［51］ 姚草根，吕宏军，贾新朝，等．重复使用金属热防护系统研究进展［J］．宇航材料与工艺，2011，2：1-4.

［52］ 杜若，康宁宁．陶瓷基复合材料在高超声速飞行器热防护系统中的应用［J］．飞航导弹. 2010，2：80-87.

［53］ 杜胜华，夏新林．气动加热下高温陶瓷材料的表观辐射特性［J］．工程热物理学报，2008，29（8）：1383-1385.

［54］ Alfano D, Scatteia L, Cantoni S, et al. Emissivity and Catalycity Measurements on SiC-coated carbon Fibre reinforced Silicon Carbide Composite［J］. Journal of the European Ceramic Socirty, 2009（29）：2045-2051.

［55］ Cao G, Weber S, Jmartin S. Spectral Emissivity Measurements of Candidate Alloys for Very High Temperature Reactors in High Temperature Air Environment［J］. Transactions of the American Nuclear Society, 2010, 102：827-828.

［56］ Wakabayashi H, Makino T. A New Apparatus for Measuring Total Hemispherical Emittance of Surfaces at Room Temperature［J］. Heat Transfer-Asian Research, 2011, 40（4）：330-339.

［57］ Lee G, Jeon S, Yoo N, et al. Normal and Directional Spectral Emittance Measureent of Semi-Transparent Materials Using Two-Substrate Method：Alumina［J］. Int J Thermophs, 2011, （32）：1234-1246.

［58］ Herve P, Cedelle J, Negreanu I. Infrared Technique for Simultaneous Determination of Temperature and Emissivity［J］. Infrared Physics & Technology, 2010, 10：1350-4495.

［59］ Jeon S, Park S, Yoo Y. Simultaneous Measurement of Emittance, Transmittance, and Reflectance of Semitransparent Materials at Elevated Temperature［J］. Optics Letters, 2010, 35（23）：4015-4017.

［60］ Moorea T , Jonesa M, Tree D. An Experimental Method for Making Spectral Emittance and Surface Temperature Measurements of Opaque Surfaces［J］. Journal of Quantitative Spectroscopy and Radiative Transfer, 2011, 112（7）：1191-1196.

［61］ Li Z, Yu L. The Equipment on High Sensitive Test of Infrared Directional Emissivity of Materials［J］. Advanced Materials Research, 2011, 29（1）：1272-1277.

［62］ 王宗伟，戴景民，何小瓦，等．超高温 FT-IR 光谱发射率测量系统校准方法［J］．红外与毫米波学报，2010，29（5）：367-371

［63］ Wang Z W, Wang Y M, Liu Y, et al. Microstructure and Infrared Emissivity Property of Coating Containing TiO_2 Formed on Titanium Alloy by Microarc Oxidation［J］. Current Applied Physics, 2011, 11（6）：1405-1409.

［64］ Meng S, Chen H, Hua J, et al. Radiative Properties Characterzation of ZrB_2-SiC-based Ultrahigh Temperature Ceramic at High Temperature［J］. Material and Design, 2011, 32：

377-381.

[65] Wu Jianghui, Gao Jiao bo, Li Jianjun. Directional spectral emissivity measurement of solid materials and its error analysis [J]. Journal of Applied Optics, 2010, 31: 597-601.

[66] Monte C, Hollandt J. The Determination of the Uncertainties of Spectral Emissivity Measurements in Air at the PTB [J]. Metrologia, 2010, 47: 172-181.

[67] González-Fernández L, Pérez-Sáez R, Campo L, et al. Analysis of Calibration Methods for Direct Emissivity Measurements [J]. Applied Optics, 2010, 49 (14): 2728-2735.

[68] OuYang X, Wang N, Wu H, et al. Errors Analysis on Temperature and Emissivity Determination from Hyperspectral Thermal Infrared Data [J]. Optics Express, 2010, 18 (2): 544-550.

[69] 张建奇. 红外物理 [M]. 陕西：西安电子科技大学出版社，2013：1-246.

[70] 张凯，王波，桂泰江，等. 红外隐身涂料的研究与进展 [J]. 现代涂料与涂装，2019，22 (12)：26-30；68.

[71] 郭晓铛，郝璐. 地面武器系统智能隐身技术发展现状分析 [J]. 战术导弹技术，2019 (05)：23-29.

[72] 王彪，丛伟，王超哲，等. 隐身战斗机红外辐射特征计算及红外隐身效果分析 [J]. 北京理工大学学报，2019，39 (04)：365-371.

[73] Chen S, Yuan L, Weng X L, et al. Modeling emissivity of low-emissivity coating containing horizontally Driented metallic flake particles [J]. Infrared Physics & Technology, 2014 (67): 377-381.

[74] Kim J, Han K, Hahn J W. Selective dual-band metamaterial perfect absorber for infrared stealth technology [J]. Scientific reports, 2017, 7 (1): 1-9.

[75] Liu F, Shao X P, Han P L, et al. Detection of infrared stealth aircraft through their multispectral signatures [J]. Optical Engineering, 2014, 53 (9): 094101.

[76] Xu R, Wang W, Yu D. Preparation of silver-plated Hollow Glass Microspheres and its application in infrared stealth coating fabrics [J]. Progress in Organic Coatings, 2019, 131: 1-10.